体验设计与认知心理交叉研究丛书
胡　飞　主编

目标选择
阅读体验中的语言信息加工

黄　忍　著

中国建筑工业出版社

图书在版编目（CIP）数据

目标选择：阅读体验中的语言信息加工 / 黄忍著 . —北京：中国
建筑工业出版社，2019.12
（体验设计与认知心理交叉研究丛书）
ISBN 978-7-112-24576-5

Ⅰ. ①目…　Ⅱ. ①黄…　Ⅲ. ①语言信息处理学　Ⅳ. ① TP391

中国版本图书馆CIP数据核字（2019）第286368号

人们每天都在阅读，但阅读的过程是如何发生的，人们又如何来选择语言中的阅读目标的呢。本书结合语言学、心理学中的大量研究，介绍了语言的定义、语言的多样性，并从历史以及个人的角度来探讨语言的发展，进而分析了语言对认知、情绪等的作用。在此基础上，详细介绍了阅读的发生及人们如何来选择阅读中的目标。内容层层递进，逐步深入地阐述阅读中对于语言信息的加工，既适用于没有心理学基础及设计基础的读者，也适用于有一定相关基础的读者对语言信息加工有更加深入的了解。

责任编辑：吴　绫　吴　佳　贺　伟　李东禧
责任校对：张惠雯

体验设计与认知心理交叉研究丛书
胡　飞　主编
目标选择　阅读体验中的语言信息加工
黄　忍　著
*
中国建筑工业出版社出版、发行（北京海淀三里河路9号）
各地新华书店、建筑书店经销
北京雅盈中佳图文设计公司制版
北京建筑工业印刷厂印刷
*
开本：787×1092毫米　1/16　印张：$5\frac{1}{4}$　字数：88千字
2019年12月第一版　2019年12月第一次印刷
定价：25.00元
ISBN 978-7-112-24576-5
（35026）

序

近 30 年来，体验设计从萌发到苗壮，并逐渐发展成为设计界的一门"显学"。哲学视域下的"体验美学"、经济学视域下的"体验经济"、人机交互视域下从"可用性"到"用户体验"，都为体验设计研究提供了丰富的理论营养和实践指引。例如，Don Norman 的理论代表了认知心理学在设计中的应用，Elizabeth Sander 的"为体验而设计"代表了民族学方法在设计中的应用，Nathan Shedroff 的《体验设计》则受到体验经济和人机交互的双重影响。三个看似独立的标杆，其实映射出世纪之交设计学中"以用户为中心的设计"（user-centered design）的方法论转向。

在体验设计广泛的学科交叉研究中，认知心理则是其中具有重要意义的一个分支。认知心理是 20 世纪中期兴起的一种心理学思潮和研究方向，关注人类的高级心理过程，主要是认识过程，如注意、知觉、表象、记忆、创造性、问题解决、言语和思维等。认知心理重视心理学中的综合观点，强调各种心理过程之间的相互联系、相互制约，对其他学科的发展具有重要贡献。例如，近年来，认知心理研究强调身体对认知的实现发挥着重要作用，引发了"具身认知"的思潮，这对体验设计研究具有重要价值。

认知心理的进展为体验设计提供了新的观念和工具，体验设计与认知心理的交叉研究不断涌现，也吸引了大量优秀的青年研究者开始投入到这一具有创新性和前沿性的研究领域。正是在此背景下，这套《体验设计与认知心理交叉研究丛书》得以问世。

《习得的反应 刺激、体验与认知的神经基础》一书从人因工学入手，采用认知神经科学的方法考察刺激—反应联结学习与认知控制的关系，为设计学与脑科学的融合研究提供了范例。可用性是体验设计长期关注的重要问题，脑科学的发展为这一问题的深入研究提供了更丰富的工具，基于客观可靠的实验室范式，采用功能性磁共振成像的技术，研究者描绘出用户在冲突识别与解决过程中的自主学习与调节，并揭示了这一过程的大脑活动，为产品设计的可用性提供了理论模型和经验证据。

《宽视野成像　场景中物体识别的视知觉与脑机制》从体验设计与认知心理的学科需要入手，采用更具生态效度的宽视野成像范式，结合脑科学的方法研究视觉规律对产品设计的意义。研究者构建了一套可以 120°呈现图像刺激的、和脑成像设备融合使用的宽视野成像系统，并基于这套系统开展了大量的视觉研究，为视觉认知和体验设计提供了理论依据和数据支撑。

《目标选择　阅读体验中的语言信息加工》采用眼动追踪技术考察用户在阅读过程中的语言加工与体验。语言是人类与外界沟通的重要工具，阅读是人们认识世界的重要途径，对于语言加工与阅读体验的认知是研究者长期关注的课题之一，而眼动方法对于这一问题的探究具有独特的优势。研究者基于深厚的学科背景和科学有效的方法，在书中逐步深入地阐述用户如何在阅读中进行语言信息的加工，为体验设计提供基础性的理论支撑和数据材料。

《体验设计与认知心理交叉研究丛书》是广东工业大学艺术与设计学院在体验设计与认知心理交叉研究的首批成果，均采用国内前沿方法与技术，关注体验设计的心理学基础理论构建。该丛书和相关研究受到中国体验设计发展研究中心、广东省社会科学研究基地"设计科学与艺术研究中心"、广东省体验设计协同创新基地、广东省体验设计集成创新科研团队、广东省体验设计教学团队等项目的支持与资助。后续还将陆续推出相关领域的前沿研究成果。

当前，用户体验和体验设计已呈现出典型的"社会弥散"（socially distributed knowledge）特征。体验设计实践的目标群体由终端用户扩展到客户甚至所有利益相关者，关注范围也由使用与交互过程扩展到了整个活动甚至全生命周期。在设计方法论正由"问题求解"转向"可能性提供"时，人的体验将成为可能性驱动的起点和终点。因此，体验应作为新的可能性的重要来源，体验设计也将为设计学提供"体验范式"的新途径。

胡 飞

2019 年 11 月 11 日于东风路 729 号

前　言

人们通过视觉、听觉、味觉、嗅觉、触觉这五感来接收来自外界的信息，其中视觉系统处理了大约 80% 的外部信息，而在所有的视觉信息中，语言信息又是尤为重要的一部分。人们每天都会面对来自短信、邮件、书籍、网页等的大量语言信息，但是如何高效地处理这些信息呢？答案很简单，就是阅读。

我们每天都在进行大量有意或者无意的阅读，这一过程的发生高度自动化，以致我们常常意识不到阅读的存在。但是阅读是如何进行的呢？人们又是如何从这些庞大的文字信息中高效且准确地提取所感兴趣的目标语言呢？对于信息的设计者，又如何从语言加工机制的角度来提高人们的阅读体验呢？

本书会从语言入手，结合大量的语言学、心理学的研究，介绍什么是语言，语言的多样性，从历史的角度及个人的角度来探讨语言的发展变化，语言对认知、情绪、审美等的作用。在这些内容的基础上，着重探讨阅读中尤其是中文阅读中人们如何来选择阅读目标，通过详细的研究方法、数据分析等来介绍中文阅读时的加工机制，为语言阅读体验提供一些新的视角。

如果您对语言感兴趣，那前三章的内容可以帮助您对语言心理学的研究及一些结论有一定程度的了解；如果您对阅读过程感兴趣，那么第 4 章的内容可以对您有所启发；如果您对具体的阅读的实验设计及数据分析感兴趣，那么第 5 章的内容或许对您有所帮助。因此，本书既适用于没有任何心理学基础及设计基础的读者，同时也适用于具有一定专业程度的读者阅读。

本书引用了大量语言学、心理学相关的学术研究，旨在让更多感兴趣的读者可以追踪溯源地进行深入的了解。值得注意的是，这些研究大多仍在进行中，并未有统一的结论。随着技术的发展，不同的学者采用不同的方法、指标等来对这些问题进行深入的探讨，所以这些研究的结论更多是基于实验本身得到的，存在一些相悖的结论并不代表对错，而是更多基于研究本身，基于结论的可靠性。

越是常见的事物越容易被人们忽视，就像空气与水，只有缺乏的时候才会注意到它的存在。语言与阅读也是一样，大多数人并不会对其有特别的意识与了解，只有当阅读出现问题的时候，才会知觉到阅读的存在。但是语言学家与心理学家长期以来对语言及阅读进行了丰富的研究，这些研究如果能激发您对语言的兴趣，或者增加您对阅读的理解，那么本书的使命已经完成。

目　录

第 1 章

语 言

1.1　什么是语言

学习、工作、恋爱、娱乐、运动，无论是个人的还是集体的、有声的还是无声的，几乎人类的所有活动都离不开语言的参与。但是日常生活中，人们似乎并不会特别意识到语言的存在，更多的是自然而然地就表述了出来，语言就像空气与水一样是极容易被忽略的重要存在。那么，语言本身又是什么呢？

即使非语言学专业的人，大多也能回答这个问题，毕竟人们都有使用语言的丰富经历。简单来讲，语言是通过系统的符号及规则来进行沟通的一种工具。这里的符号是指通过一些事物来指代另外一些事物，比如说"树"这个字，当看到这个字的时候，每个人的脑中可能都会有相应的一个"树"的形象，文字的"树"指代的就是生活中真正的树，所以，无论是交谈中的词语还是写在纸上的文字都是一种符号，一种用于指代特定事物的符号。而规则指的就是如何把这些符号组织起来形成句子，从而来表达完整的意思。同样的词语，不同的组织方式可能会产生不同的意思，比如"狗咬了小朋友"跟"小朋友咬了狗"，虽然文字内容完全一致，但是组织排列方式的不同，使其所表达的意思大相径庭。值得注意的一点是，用于沟通的符号系统是非常多的，比如交通信号，红绿灯的红灯表示禁止通行，向前的箭头表示直行等，每一个交通符号都具有一个明确的意思，但是我们并不会称交通信号为语言，是因为这些符号的意思非常固定，往往单独使用，很难进行混合搭配，而人类的语言往往可以通过大量的组合构建出丰富的信息。

那么，语言的准确定义是什么呢？在回答这个问题之前，需要考虑到语言体系的复杂性。众所周知，动物之间也存在其特有的信息沟通方式，海豚通过发声来寻找食物、联络同类，蜜蜂通过不同的舞蹈来传递蜂源的位置信息，鸟儿通过叫声来传递危险信号及求偶，大猩猩通过面部表情以及肢体动作来互通信息。如果按照前面的简单定义来看，语言是一种传递信息的沟通工具，那么动物界的这些沟通方式应该也可归类为语言，但是很明显，它们与大家所熟悉的人类语言在系统性及复杂度上都有较大的差异。大量语言学家、心理学家们都不断尝试对语言进行一个精准的定义，比如，19 世纪英国著名的语言学家亨利·斯威特（Henry Sweet，1845—1912）认为语言是通过语音及字词的结合来对想法进行表达，他认为语言的最主要功能是表达个人想法。美国语言学家

Bernard Bloch 和 George Trager 认为语言是任意的一种声音符号用于社会群体的合作，重点强调了语言的社会作用，并且不同的文化下可以有不同的声音符号系统。Noam Chomsky 认为语言是由一系列有限或无限的句子构成，而句子是由一定的长度及有限的元素构成的，这一理论更加关注于语言的句法结构。从这些语言学家、心理学家的定义中也可以看出，由于语言的复杂性，每种假说都关注于语言的某一方面的特征而忽略了其他的特征，不同流派、不同国家的学者也似乎很难对语言进行一个统一的定义，因此即使到目前，语言其实仍未有一个统一的明确的学术定义。当然，本书的重点是探讨人类的语言系统，尤其是人们如何进行阅读，这在后续的章节中会详细展开。

1.2　语言的多样性

人类语言的种类究竟有多少？有些学者认为有 7000 多种，有些认为有 5000 多种。那有些人可能会好奇，语言的种类到底是多少，毕竟 7000 多种与 5000 多种差别还蛮大的。精确的数值其实是比较难得到的，一方面由于不同语言的界定是无法完全量化的，比如两个地方的方言，既存在相似性又存在差异性，那如何来判断它们是否为两种不同的语言，所采用的分类指标不同可能就会得到不同的结果；此外，语言不是一成不变的，它一直在不断地演化中，这也为精确地统计带来了一定的困难。但无论具体的数字如何，有一点可以肯定，就是人类语言的种类非常丰富多样。这种多样性就引出了两个非常值得探讨的问题，一个是不同种类的语言是否存在着共性，另一个是为什么人类会存在这么多种不同的语言。

相比于动物之间的语言，人类语言普遍都非常的丰富，意思的表达也更加的精准，并且有非常多样的组合变化，但人类的几千种不同的语言之间的共性又是什么呢？在处理复杂问题的时候，学者们倾向于把复杂问题拆解成简单问题，对语言的研究也不例外。虽然语言的种类很多，但其本质的属性却是类似的，因此，语言学家通常把语言解构为语音、语义、语法、词法、正字法等维度来进行分析。语音是语言的发音，任何语言都有其对应的语音；语义是语言所表达的意义，每种语言均是传递信息的重要途径；语法是如何把词语组合形成句子的规则，语言均是由一定的规则组合而成；词法研究词语及其构成法则；正字法是词的形态结构与音位结构的一致程度，英文的正字法程度是比较高的——看到词就能拼出它的音，更适合口头的交流，而中文的正字法规则是比较低的，发音与字形间的差异较大，是一种表意的语言。虽然每种语言在这些维度上的特征会有些不同，但是整体来看，任何一种流行的语言均包含这些要素，也就是说，不同语言的本质特征是具有共性的，但是它们的外在表现形式却是千差万别。

人们去不同的国家旅游的时候，往往会遇到语言不通的情况，这时候，大多数人们会采用肢体语言来进行沟通，并且往往可以取得成功。这么看来，肢体语言在跨文化中有较大的相似性，很多的表情也是共通的，那为什么文字语言的差异会如此之大，这些差异是什么，又是如何产生的呢？有学者认为语言所处的环境及文化会对语言的差异性产生一定的影响。比如，生活在寒冷地带的因纽特人（爱斯基摩人），他们所处的物理环境更多与冰、雪这些概念相关，他们的文化也基于这一环境而形成，人们日常沟通会需要更准确地对不同的冰、不同的雪进行描述，因此，他们的语言中会包含更多描述关于冰、雪的词语[1][2]。反过来看，在较温暖的环境下，所产生的语言会有较少的关于冰、雪词语。Regier 等人（2016）对这一假设进行了进一步的验证，他们分析发现那些不含冰、雪或者两者均没有的语言更多出现在气候较暖的地区；而且那些对冰、雪用同一个词来描述的地区的气温，相比冰、雪用不同的词语来描述的地区的气温会更加高。这种不同的环境及文化，人们所接触事物的不同所带来语言的差异，更容易体现在名词的使用中，毕竟如果一个事物从来不在这种环境中出现，人们的沟通中就不会涉及这个不存在的物体，那么也就不会有这一事物对应的一个词语。

但即使对于同一个概念，不同的语言表述也会完全不同，比如关于空间的概念。空间的概念离不开参照系的确定，Levinson（2003）分析了 20 种不同的语言，把参照系分为三种，分别是：（1）相对参照系，人们用前、后、左、右来对空间位置进行描述，比如"猫在兔子的右边"，这其实就是基于你自己一个旁观者的视角而进行的描述；（2）内在参照系，以物体本身为参照，比如，以猫本身为参考的话，那么可能就会变成"猫的前面是一只兔子"；（3）绝对参照系，

---

① Boas F. Introduction. In: Handbook of American Indian Languages, Vol.1. Government Print Office（Smithsonian Institution, Bureau of American Ethnology, Bulletin 40）; 1911 : 1–83.

② RegierT et al. Languages support efficient communication about the environment: words for snow revisited[J]. PLoS One2016, 11 : e0151138.

通常所说的东、西、南、北就属于绝对参照系，比如"高铁站位于城市的北边"，在进行地理位置的描述的时候，更多使用的是绝对参照系[①]。大量研究表明，不同文化关于位置参照系偏好不同，从而对于描述空间的语言使用有所差异[②③]。

与空间紧密相关的另一个概念就是时间。时间是一个抽象概念，人们往往无法直接地感知，而必须借由外在信息的改变来获知时间的变化。语言学的研究发现，大多数语言都会借由空间概念来对时间进行表征[④⑤⑥]，比如人们经常说的"白驹过隙""时间去哪儿了"等关于时间的描述，就是中文中常见的用空间概念来表征时间。这种用空间概念来描述时间的语言方式不仅存在于汉语中[⑦]，也存在于英语[⑧]、西班牙语[⑨]、希腊语[⑩]等语言中。在对空间的各种描述中，最常用于描述时间的就是前后的概念，时间中的前后往往与未来及过去相关。在英语、西班牙语等大多数语言中，人们都倾向于用"前"表示"未来"，用"后"表示"过去"。学者认为这与人们的空间经验相关，人们在行进的过程中，大多时候是向前走的，走过的、经历过的地方会处于自己身体的后方，因此，"后"与"过去"相连，而未来即将要到达的地方处于身体的前方，因此，"前"与"未来"相连[⑪]。但也有一些语言刚好相反，用"后"表示未来，用"前"表示过去，例如，艾依玛

① LevinsonS. C. Space in language and cognition[M]. Cambridge: Cambridge University Press，2003.

② Haun D. B. M.，Rapold C. Variation in memory for body movements across cultures[J]. Current Biology，2009，19（23）：R1068–R1069.

③ Haun D.B.M. et al. Plasticity of human spatial cognition: spatial language and cognition covary across cultures[J]. Cognition，2011，119：70–80.

④ Evans，V. The structure of time: Language，meaning，and temporal cognition[M]. Amsterdam: John Benjamins，2004.

⑤ Li H. Barbara Lewandowska–tomaszczyk: Conceptualizations of time. Cognitive Linguistics，2017，28（2）：361–370.

⑥ Moore K. E. The spatial language of time. Amsterdam: John Benjamins Press，2014.

⑦ Boroditsky L. Does language shape thought? English and Mandarin speakers' conceptions of time[J]. Cognitive Psychology，2001，43（1）：1–22.

⑧ McGlone M. S.，Harding J. L. Back（or forward）to the future: The role of perspective in temporal language comprehension[J]. Journal of Experimental Psychology Learning，Memory，and Cognition，1998，24（5）：1211–1223.

⑨ Santiago J.，Lupiáñez J.，Pérez E.，Funes M. J. Time（also）flies from left to right[J]. Psychonomic Bulletin & Review，2007，14:512–516.

⑩ Casasanto D.，Boroditsky L.，Phillips W.，Greene J.，Goswami S.，Bocanegra–Thiel, S.，...Gil, D. How deep are effects of language on thought? Time estimation in speakers of English, Indonesian, Greek, and Spanish. [M]//Paper presented at the meeting of Proceedings of the 26th Annual Meeting of the Cognitive Science Society. Chicago, IL，2004.

⑪ Clark H. H. Space，time，semantics and the child[M]// T. E. Moore（Ed.），Cognitive development and acquisition of language[M]. New York: Academic Press，1973.

拉语（Aymara）①。这种语言的使用者在进行信息交流的时候，需要明确指出是否为亲眼所见。过去的事情是已经经历过的，具有较高的可见度，艾依玛拉人倾向于将其放在身体（眼睛）的"前方"，而未来的事情往往还没有发生，很少能预见，具有较低的可见性，因此，艾依玛拉人偏好将其放在身体（眼睛）的"后方"。除了"前后"可用于表征时间，"左右"也可用于时间的表征，比如，日历设计中，周一到周日大多是从左到右的排列顺序。研究表明，在从左向右阅读的语言系统中，左与过去／早相关，右与未来／晚相关，而在一些自右向左阅读的语言中，对时间的表征也会相反②。

除了对于时间、空间的客观信息存在差异，不同语言对于情绪信息的传递也大不相同。Elfenbein 和 Ambady（2002，2003）认为不同文化下存在基本情绪的"普遍情感系统"，并且这种"普遍情感系统"由面部表情、语言和肢体等组成③④。人们通过语言来传递情感的时候，可通过语义和非语义两种形式，简单来说就是通过语言的内容以及语言的重音、语调变化等声音线索来对情绪信息进行表达与接收⑤。对于非语义的情绪线索，大量研究表明具有跨文化的一致性。在 Beier 和 Zautra（1972）研究中录制了英语的 48 句不同的情绪表达，分别为愉快、恐惧、悲伤、愤怒、冷漠，这些语句分别呈现给美国、波兰以及日本被试，结果发现不同国家的人们对声音情绪材料的平均识别率几乎均高于随机水平⑥。Thompson 和 Balkwill（2006）让英语被试对携带有 4 种发声情绪（愉快、悲哀、愤怒、恐惧）的英语、德语、日语、中文和塔加拉族语的中性语义语句进行情感识别，同样得出与先前研究一致的结论⑦。不过，也有研究发现，当把这些情绪分为积极情绪及消极情绪时，人们对于消极情绪的识别具有更高

---

① Núñez R. E., Sweetser E. With the future behind them: Convergent evidence from Aymara language and gesture in the crosslinguistic comparison of spatial construals of time[J]. Cognitive Science, 2006, 30（3）: 401-450.

② Fuhrman O., Boroditsky L. Cross-cultural differences in mental representations of time: Evidence from an implicit nonlinguistic task[J]. Cognitive Science, 2010, 34: 1430-1451.

③ Elfenbein H. A., Ambady N. On the universality and cultural specificity of emotion recognition: A meta-analysis[J]. Psychological Bulletin, 2002, 128（2）: 203-235.

④ Elfenbein H. A., Ambady N. Universals and cultural differences in recognizing emotions. Current Directions[J]. Psychological Science, 2003, 12（5）: 159-164.

⑤ Sauter D. A., Eisner F., Ekman P., Scott S. K. Cross-cultural recognition of basic emotions through nonverbal emotional vocalizations[J]. Proceedings of the National Academy of Sciences of the United States of America, 2010, 107（6）: 2408-2412.

⑥ Beier E., Zautra A. J. The identification of vocal expressions of emotion across cultures[J]. Journal of Consulting and Clinical Psychology, 1972, 40（4）: 560.

⑦ Thompson W. F., Balkwill L. L. Decoding speech prosody in five languages[J]. Semiotica, 2006, 158: 407-424.

的跨文化一致性，而对于积极情绪的识别却存在较大的差异性 [1]，这可能是由于积极情感的交流有更强的社会作用，因此，在不同文化中的差异会较大。不过，整体看来，上述的这些研究是比较支持不同的文化间，人们对于情绪的感知是有一定的一致性的。

对于情绪表达的语言大致可以分为两类，一类是对当下情绪体验的直接表达，比如看恐怖片时的惊声尖叫"啊"，另一类是对不同情绪进行命名的词语，比如开心、生气、难过等。关于情绪相关词语的语料研究发现，不同文化所包含的情绪词也存在差异。比如，有学者认为"羞愧"这个概念在儒家思想中较为重要，在中国现代词语中有 113 个关于羞愧的术语 [2]，对于不同的羞愧，中文中有 150 种不同的表达，而在英文中只有几十个相应的词语 [3]。美国的克里语中有 30 多种用于描述由不同的原因所引起的表达"愤怒"的词语 [4]，西方社会中常见的抑郁、焦虑等情绪词，在中文或约鲁巴语也比较少 [5]。在以集体主义为主的加纳文化中，研究者们注意到他们的语言中缺少关于"孤独"的词语，这可能是由于集体的生活让他们没有独自生活的场景，进而缺少相关的词语 [6]。

总体看来，语言的多样性不仅体现在不同语言的构成、意义等方面，对于客观世界以及抽象概念的表征也存在大量的差异。那么这些差异是如何形成的呢？有些观点认为，语言的主要功能是用于沟通，但人们在沟通的时候往往跟周围的一部分人有较多的沟通，而跟另一些较远的人有较少的沟通甚至零沟通，这导致了群体内部的语言变化较少，而群体间的语言差异逐渐变大，久而久之就形成了不同的方言或者语言 [7]。也有学者认为，语言多样性的形成并不仅靠语言的随机变异形成，它不是全由基因突变导致的，而是基于语言的社会、生态、技术环境等，形成不同的语音、词汇、语法，通过不断地学习、使用来适应所

---

[1] Sauter D. A., Scott S. K. More than one kind of happiness: Can we recognize vocal expressions of different positive states? Motivation and Emotion[J].2007, 31（3）: 192–199.

[2] Li, J., Wang, L. Fisher K. W. The organization of Chinese shame concepts[J]. Cognition and emotion, 2004, 18（6）: 767–97.

[3] Wang L, Fischer K. W. The organization of shame in Chinese. Cognitive Development Laboratory Report, Harvard University, Cambridge, 1994.

[4] Hupka R. B., Lenton A. P. Hutchison, K. A. Universal development of emotion categories in natural language[J]. Journal of personality and social psychology, 1999, 77（2）: 247–78.

[5] Leff J. Culture and the differentiation of emotional states. British journal of psychiatry, 1973, 123: 299–306.

[6] Dzokoto V. Okazaki, S. Happiness in the eye and the heart: somatic referencing in West African emotion lexica[J]. Journal of black psychology, 2006, 32: 117–40.

[7] Crowley T., Bowern C. An Introduction to Historical Linguistics[M]. Oxford University Press, 2010.

处的不同环境^①。

随着社会的发展，人们所使用的语言也在不断地更新。这种更新既包括了新语言的形成，比如一些流行语或者各种编程语言的出现，也包括了一些旧有语言的消亡，很多的方言以及少数语言随着使用的人越来越少而逐渐退出历史舞台。未来语言是否会只有一种，抑或是百花齐放，是个开放性的问题，但语言作为人类社会的重要产物，它的作用已非仅仅用于沟通，语言对人类本身想法、认知也会带来重要的影响。

---

① Lupyan G, Dale R. Why are there different languages? the role of adaptation in linguistic diversity[J]. Trends Cogn Sci, 2016, 20（9）: 649-60.

第 2 章

语言的发展

2.1 语言的起源

目前世界上约有 5000~8000 种用于交流的语言，这些语言在语音、语法、语义上都存在着差异[①]。这其中非洲有 2000 多种，美洲有 1000 多种，亚洲有 2250 种，欧洲有 220 种，澳洲以及太平洋地区有 1300 多种。这些不同的语言是如何演变形成的？是否从同一个语言发展而来的呢？

就像人们对人类、宇宙的起源充满了好奇一样，学者们也一直试图解答语言的起源。语言是人类作为智人（现代人）所独有的财富，人类的近亲黑猩猩虽然也具有一定的智力，但是并没有丰富的语言能力、思维能力。从进化的过程来看，大约在 700 万 ~500 万年前，人类与黑猩猩开始步入不同的进化轨道，直立人大约在 200 万年前形成，智人大约在 20 万年前形成，因此，有些学者猜测语言最早或许在 200 万年前就出现了。

不过这一猜测并未有直接的证据，毕竟在语言出现并能够被记录之前很难证明语言的存在。基于现有的史料记载、考古发现等，大多认为语言的起源时间并没有 200 万年这么久远。法国、印度、津巴布韦等地方的洞穴里发现了壁画、骨雕的存在，主要记录了远古的狩猎、祭祀等场景，多制作于旧石器晚期及中石器时期。历史最久的是在法国拉斯科洞窟中的壁画，距今约两万年左右，不过，大多数的壁画制作于距今约 4000 年前。

有些学者认为这些绘画以及雕刻是早期的书面文字。由于正式的语言是由一系列的符号及相应的规则系统构建而成，因此，这些绘画及雕刻，为语言符号的形成奠定了基础。书面文字的产生在人类整个发展史上来看，是比较新的事物。大约在公元前 5300 年，美索不达米亚出现了楔形文字书写系统，与此同时，大约 300 年后，埃及出现了象形文字书写系统。而中国在晚商时期发明了甲骨文。

在语言可以进行书写之前，当然不能否认语言的存在，只是如果无法把语言记录并保存下来，后人很难有直接的证据知道语言的起源。因此，关于语言的起源问题，一方面受制于书写系统的出现，一方面受制于传播媒介的发展。中国四大发明中的印刷术、造纸术，就是解决了文字的储存及传播的问题。

[①] Evans N., Levinson S. C. The myth of language universals: Language diversity and its importance for cognitive science[J]. BBS, 2009, 32（5），429–492.

除了语言起源的时间，另一个受到广泛争议的问题就是，现存的这些大量语言是否起源于同一种语言呢？基于基因以及表型多样性的分析，人类起源于非洲的说法大家并不陌生，那么语言是否也是起源于非洲。Atkinson（2011）对这一疑问进行了研究①，他采用了音素这一变量，由于语言中音素的多少与使用该语言的人口数量成正比，也就是如果某种语言使用的人非常少，那么这种语言中所包括的音素也会非常少②。Atkinson 对全球的 504 种语言的音素进行了分析，发现非洲的语言有较多的音素，而南美洲和太平洋热带岛屿上的语言所含音素较少，音素的多样性随着与非洲的距离的增加而减少，并且当以非洲为发源地的时候，模型的拟核效果最好。因此，他认为语言的这一分布规律与人类起源得到的结果类似，支持了语言起源于非洲。Atkinson 的这一研究在语言学的研究中引起了激烈的讨论，很多学者针对这一结论提出了质疑，因此，语言是否真的起源于非洲，或者起源于某一种语言，仍待未来的深入研究。

主张语言的多源说认为语言并非完全由一种语言发展而来，而是几种不同的语言各自发展演变而成的。目前世界上的 7000 种不同的语言，按照语系来分类的话，大约可归为 90 种语系。同一种语系下的语言有共同的源头。

语言并非一成不变，而是会随着社会的改变而改变，尤其是当一些新的事物产生并且流行起来的时候。比如，我们现在生活中常见的"键盘"、"微信"等词语，都是随着科技的进步而出现的新产物，并且这些新兴产物有大量的使用者，相应的词语才逐渐加入人们的常用语言中。如果一些新生事物的出现并没有取得社会的认可，那么其对语言的演化作用基本也可忽略不计。此外，外来语言的进入也会对原本的语言带来影响，中文中存在有大量的外来语，比如"车厘子"（cherry）、"士多"（store）、"可口可乐"（coca cola）等，这些词语大多是由外来语的发音转换成了相应的本土语言而形成。社会在不断地发展变化中，因此，其中的语言也在不断地变化发展，语言的演化是一个动态发展的过程，很多新的语言会出现，相应的也会有一些旧有的、不常用的语言会消失。

① Atkinson Q.（2011）. Phonemic diversity supports a serial founder effect model of language expansion from Africa[J]. Science, 2011, 332, 346–349.
② J. Hay, L. Bauer. Language, 2007, 83：388.

2.2 个人语言的发展

语言的获得是后天学习的一个过程，没有人天生就能掌握一门语言。在婴儿时期，虽然并不能开口说话，但是却可以通过哭叫、面部表情、行为动作等来向父母传达信息。但是这种信息的传递方式是非常不精准的，很多父母并不能明确知道这些肢体语言背后的原因，并且往往一个行为的出现可由多种原因造成。

人们在习得语言的时候往往先从词汇开始，再到相应的句法、结构。词汇对于语言的发展至关重要，研究表明词汇量的大小可以预测之后语法的发展[1]，词汇能力会影响语法能力的发展[2]，词汇的习得是语言发展的第一步。儿童大约在 1 岁的时候说出第一个单词，在 18 个月到 6 岁的这段时间，词汇量会快速地增长。有研究表明儿童在 4 岁的时候，大脑的前额叶发展逐渐成熟，这使得儿童对信息加工的能力增强，从而提升了学习语言的能力，习得大量的词语[3][4]。在此期间，英语儿童在醒着的时间里几乎每小时可以学会一个新单词[5]。

在 8 个月左右的时候，婴儿可以通过手势与人们交流。我们经常见到婴儿会通过手指向想要的物体，推开不想要的物体等。这些行为的背后对应的是婴儿对物体及动作相关概念的初步形成。那么婴儿最早习得的是与物体相关的名词还是与动作相关的动词呢？这一问题目前并无统一答案，在关于字母文字的研究表明，相对于名词，婴儿学习动词会更加困难，存在名词的习得偏好[6][7]。但在汉语学习中，研究者们却发现了与英文不同的状况，婴儿对中文中动词的掌

---

[1] Levy, Y., Gottesman, R., Borochowitz, Z., Frydman, M., & Sagi, M. Language in boys with fragile X syndrome[J]. Journal of Child Language, 2006, 33 : 125–144.

[2] Hernandez, A. E., & Li, P. Age of Acquisition: Its Neural and Computational Mechanisms[J]. Psychological Bulletin, 2007, 133 : 638–650.

[3] Rueda M.R. et al. Training, maturation, and genetic influences on the development of executive attention[J]. Proc. Natl Acad. Sci. U. S. A. 2005, 102 : 14931–14936.

[4] Posner M.I. Genes and experience shape brain networks of conscious control[J]. Prog. Brain Res, 2005, 150 : 173–183.

[5] Carey S. The child as a word learner[M]//Halle M., Bresnan J., Miller G. A. (Eds.). Linguistic theory and psychological reality. Cambridge, MA: MIT Press, 1978.

[6] Gentner D. Boroditsky L. (2001). Individuation, relativity and early word learning[M]// M. Bowerman S. C. Levinson (Eds.). Language acquisition and conceptual development. Cambridge: Cambridge University Press, 2001.

[7] Tardif T. (1996). Nouns are not always learned before verbs: Evidence from Mandarin s peakers' early vocabularies[J]. Developmental Psychology, 1996, 32: 492–50.

握反而更多,并没有出现对名词的习得偏好 ①②。关于韩语的研究也得到了与中文类似的结果,韩语环境下的婴儿对动词的掌握也要优于名词 ③。

社会语用理论(Social-pragmatic Theory)强调了交际对语言的作用,认为儿童语言的习得在与他人的社会交往中快速发展④。婴儿会根据旁人的注视方向、姿势等线索而获得他人的注意信息,达成共同注意,这种共同注意在语言的早期发展中起到重要的作用 ⑤。婴儿根据这种注意线索来习得相关物体及语言的对应关系,从而掌握大量的语言。

儿童早期的语言习得多与看护他的人有较大关系。成人对婴儿说话的时候,音调会更高一些,采用一种婴儿式的语言与其沟通。这种沟通方式是否真的更加有效呢。有研究持支持态度,发现婴儿对这种高音调的话语有一定的偏好。并且,这种与婴儿特殊的说话方式也有利于儿童分辨出他所听到的对话内容是针对他的,还是只是大人间的对话,从而促进其对语言信息的准确获得及理解。社会线索对于儿童早期语言习得至关重要,但这一过程多是有利于口语的发展。并且,需要强调的是,社会语用是习得语言的一种途径,但在缺乏社会性线索的情况下,婴儿依然也可以习得语言。

语言习得的另一个重要部分就是阅读能力的发展。Frith 的阅读发展理论认为 ⑥,儿童阅读能力的发展分三个阶段:首选是字符阶段,儿童将字词作为一个整体的视觉图形来记忆,但这种策略适合对少量词语的学习,随着词汇的增加,相似的字词会越来越多,这种策略会逐渐失效;之后是拼音阶段,儿童运用字形 – 音位规则来对词语进行编码,词汇量迅速增加;第三阶段是字形阶段,此时儿童较少借助语音知识,直接将词语分析为基本的字形单元,阅读速度得到进一步的提升。

① Maguire M., Hirsh-Pasek, K., Golinkoff R. An unified theory of word learning: putting verb acquisition in context[M]// Action meets word: How children learn verbs. Oxford University Press, 2006.
② Tardif T., Gelman S. A., Xu F. Putting the "noun-bias" in context: a comparison of English and Mandarin[J]. Child Development, 1999, 70 : 620–635.
③ Choi S., Gopnik A. Early acquisition of verbs in Korean: A cross-linguistic study[J]. Journal of Child Language, 1995, 22 : 497–529.
④ Hoff E. The specificity of environmental influence: Socioeconomic status affects early vocabulary development via maternal speech[J]. Child Development, 2003, 74: 1368–1378.
⑤ Houston-Price C., Plunkett K., Duffy H. The use of social and salience cues in early word learning[J]. Journal of Experimental Child Psychology, 2006, 95, 27–55.
⑥ Frith U. Beneath the surface of developmental dyslexia[M]// K E Patterson, J C Marshall, M Coltheart ed. Surface Dyslexia, Hillsdale NJ ; Erlbaum, 1985 : 301–331.

　　当然不同儿童的阅读能力会有不同，这也导致了对于语言的掌握差异较大。最直接的证据就是大量关于阅读障碍的研究。根据世界卫生组织（1993）ICD-10的定义标准，发展性阅读障碍（developmental dyslexia, DD）是指个体在一般智力、动机、生活环境和教育条件等方面与其他个体没有差异，也没有明显的视力、听力、神经系统障碍，但其阅读成绩明显低于相应年龄的应有水平，处于阅读困难的状态中。阅读障碍在西方国家中的发生率高达 10 % 以上，我国发展性阅读障碍的发生率约为 3%~10%[①]。阅读障碍的儿童对语音信息的加工存在困难，在对韵律判断等语音任务中，表现较差[②]。需要补充的是，阅读障碍并非仅像字面意思那样仅对阅读有影响，它对儿童的学习、社交及生活等均会带来严重的后果。

2.3　第二语言的学习

　　随着全球一体化的发展，越来越多的人并非只掌握一门语言，而是涉猎多种语言的学习。第二语言的学习一般是指已经掌握了母语的人对另一种语言的学习，发生在青少年、成年或者老年时期。最近几十年，二语学习受到了大量语言学家、心理学家的关注，对其机制及二语的作用等都有了非常丰富的研究成果。

　　基于认知加工理论，学者们提出了关于二语学习的不同理论，主要包括中介语理论（Interlanguage Theory）[③]，监控理论（Monitor Theory）[④]，平行分布加工模型（Parallel Distributed Processing Models）[⑤] 等。

　　Selinker 等人提出的中介语理论认为第二语言的学习过程中需要中介语的构建，中介语是介于母语与目标语言之间的一种过渡性的语言，是一系列的心理语法，学习者通过这些语法来学习新的语言。因此，中介语是不断变化的，受到目标语言及母语的影响，通过不断地调整来进行二语的学习。

　　Krashen 提出的监控理论与中介语理论不同，认为二语是学习的过程，母语是习得的过程。习得是运用自然语言而发生的，比如母语的习得往往是由所处

---

① 周晓林，孟祥芝，陈宜张. 发展性阅读障碍的脑功能成像研究 [J]. 中国神经科学杂志，2002，18（2）：568–572.

② Bryant P E, Bradley L. [M]Children's reading difficulties. Oxford: Basil Blackwell, 1985.

③ Selinker L. Interlanguage. [M]International Review of Applied Linguistics，1972，10: 209–31.

④ Krashen, S. [M]Principle and Practice in Second Language Acquisition. Oxford: Pergamon, 1982.

⑤ Sokolik M E Smith M. [M]Assignment of gender to French nouns in primary and second language: a connectionist model. Second Language Research, 1992, 8, 39–58.

环境中的语言决定的，是自然而然发生的，而学习是有意识的学习过程，我们需要有意地去学习语法结构，是一个有意识的监控系统，通过监控系统来对语言进行不断的修订，从而掌握新的语言。这一理论同时也强调了学习者的情绪、动机等对二语学习的影响。

平行分布加工模型认为，知识并不是单一的结点，而是通过网络系统互相联结的存在，每个知识都会激活与它相关的语言网络。因此，语言的学习并不是单一的学习词汇以及语法，而是语言网络中各单元联结的权重动态变化的一个过程。这一模型与前两个模型有本质上的不同，它更加强调了知识的网络联结特征，而新语言的学习并非是分离的语法或者单词的学习，而是对联结模式的构建。不过也有学者对这一理论提出了质疑，认为它更多地符合实验室的数据分析，不一定能解释自然情境中的学习[1]。

这些不同的理论从不同的角度来解释第二语言的学习，但对于个人来说，第二语言的学习是否仅仅使人们增加了一种新的语言沟通技能，它是否会有一些其他的作用或者影响呢？

早期的一些学者认为双语会对儿童的认知发展产生负面的影响[2]，但也有大量研究表明，双语学习会带来很多积极的作用，双语儿童的智力测验成绩要显著高于单语儿童[3]，双语者在学习策略、问题解决、注意调控、执行控制等认知功能上都有一定的优势[4][5][6]，存在双语认知优势效应。当然这一优势也会受到学习二语的年龄、环境、熟练度等的影响[7][8]。

---

① Mitchell R，Myles F.[M]Second Language Learning Theories. Oxford University Press Inc，1998.

② Cummins，J. [M]Linguistic interdependence and the educational development of bilingual children. Review of Educational Research，1979，49，222–251.

③ Peal，E.，& Lambert，W. E. [M]. The relation of bilingualism to intelligence. Psychological Monographs，1962，76，1–23.

④ Kemp，C.[M]Strategic processing in grammar learning: Do multilinguals use more strategies? International Journal of Bilingualism，2007，4，241–261.

⑤ Bialystok，E.，Craik，F. I. M.，& Luk，G. [M]Cognitive control and lexical access in younger and older bilinguals. Journal of Experimental Psychology: Learning，Memory and Cognition，2008，34，859–873.

⑥ Carlson，S. M.，& Meltzoff，A. N. [M]Bilingual experience and executing function in young children. Development Science，2008，11（2），282–298.

⑦ Morton，J. B.，& Harper，S. N.[M] What did Simon say? Revising the bilingual advantage. Developmental Science，2007，10（6），719–726.

⑧ Kovelman，I.，Baker，S. A.，& Petitto，L. A. [M]Bilingual and monolingual brains compared: A functional magnetic resonance imaging investigation of syntactic processing and a possible "neural signature" of bilingualism. Journal of Cognitive Neuroscience，2008，20（1），153–169.

值得注意的是，人类的大脑并非一旦发育完成就无法改变，而是具有一定程度的可塑性，这种可塑性既包括了功能的可塑性也包括了结构的可塑性。关于语言研究的大量证据表明，语言学习是可以对大脑的结构及功能产生作用的。有研究发现，单语者与双语者与工作记忆、学习相关的左侧顶下皮层的结构与功能有所不同[①]。Mechlli 等人 2004 年的研究表明，双语者的顶下皮层的灰质密度显著大于单语者，并且单语者与双语者的左右半球在结构上也存在一定的差异[②]。而越来越多关于老年人的研究表明，使用双语可影响大脑的激活状况，进而延缓约 4.5 年[③④]阿兹海默病的产生。

双语的学习不仅指不同国家的语言学习，比如，英文往往是大多中国学生的第二语言，对于我国来说，由于大量方言的存在，方言与普通话也可以构成母语及二语的概念。对于广东地区的人们来说，如果成长环境是粤语的环境，那么粤语就会先于普通话成为他的母语，而普通话则是经由后天学习的第二语言。从前文的论述中，不难发现，第二语言的学习与母语的学习机制存在着本质的不同。我们日常生活中对于二语的学习往往是经由母语来进行，人们会把二语的意思由母语来进行表达，也就是用一种语言来学习另一种语言，学习的是它们的对应关系。而母语的学习是经由环境自然产生的，学习更多的是语言与事物的关系。因此，二语的学习往往会比较困难，这不仅取决于个人的学习能力本身，也取决于对于母语的掌握。不过，双语学习的优势得到了大量研究的支持，这或许为人们学习双语带来了一些动力。

---

① Friedman, H. R., & Goldman-Rakic, P. S. [J]Coactivation of prefrontal cortex and inferior parietal cortex in working memory tasks revealed by 2DG functional mapping in the rhesus monkey. Journal of Neuroscience, 1994, 14, 2775-2788.

② Mechelli, A., Crinion, J. T., Noppeney, U., O'Doherty, J., Ashburner, J., Frackowiak, R. S., et al. [M]. Structural plasticity in the bilingual brain. Nature, 2004, 431, 757.

③ Alladi S, et al. [M].Bilingualism delays age at onset of dementia, independent of education and immigration status. Neurology, 2013, 81（22）:1938-1944.

④ Woumans E, et al. Bilingualism delays clinical manifestation of Alzheimer's disease. Biling Lang Cogn, 2015, 18（3）:568-574.

第 3 章

语言的作用

语言是人们沟通交流的基础，特殊人群也不例外，盲人利用盲文来知觉信息，聋哑人可以通过手语来进行交流。无数的语言学家、心理学家均对语言进行了大量的研究。这不仅包括语言的起源、语言的发展等关于语言本身的研究，更重要的是，语言并非仅仅具有交流的作用，用于信息的传递，语言本身也会对人们的思维、想法、认知等产生作用。

从进化心理学的角度来看，语言是人类得以生存的一个重要因素，语言的发展使人类在漫长的进化中脱颖而出[①]。试想一下，在原始丛林里面，语言还未出现，人们只能通过面对面的沟通来传递信息，告诉同伴附近是否有猎物，面前的这株植物是否可以食用，如何制作狩猎的武器，如何围捕猎物等。这种方式的语言只能在少数人中传递少量的信息，沟通效率比较低。随着进化的推进，人们出现了早期的文字，比如之前提到的各种壁画、骨雕等，这使得信息可以在隔代间传递，并且传递的信息量也相较之前的口耳相传更加丰富。再之后出现了文字，文字的产生，一方面有助于知识的记录，使更多有用的信息得以保存；另一方面可让更多的人了解这些知识，有利于整个部落、种族的发展。可以说，人类的发展离不开语言的发展。

即使在现代社会，语言也具有重要的作用。我们生活的环境与原始丛林大不相同，生存已经不是最主要的问题。语言在当下社会的作用也发生了一些改变。我们都知道，年轻人之间沟通的时候，喜欢用很多只有他们年轻人才理解的语言，或者某一行业的人在沟通的时候往往有很多术语是外人不理解的。这些现象就体现了语言作为一种区分内群与外群的作用。内群的人可以很好地理解群内的这些语言，而外群的人无法理解，这就天然的区分开了不同的组群。

人类与其他动物最主要的区别之一就是工具的使用，人们往往习惯认为，我们是工具的主人，我们可以随心所欲地操控工具，工具并不会对人有反作用。但这种观点最近受到了越来越多的审视。大量证据表明，人们所使用的工具会对人本身产生影响。Sparrow（2011 年）的研究中分析了 Google 对人们记忆的影响，他认为 Google 等搜索引擎的出现，让人们从记忆知识本身，转变成了如何获取知识[②]。Carr（2011 年）认为，因特网的使用使人们的注意非常容易转

---

① Rayner, K. [J].The Thirty Fifth Sir Frederick Bartlett Lecture: Eye movements and attention in reading, scene perception, and visual search. Quarterly Journal of Experimental Psychology, 2009, 62, 1457–1506.

② Sparrow, B. Liu, J., and Wegner, D.M. [J]Google effects on memory: Cognitive consequences of having information at our fingertips. Science, 2011, 333, 776–778.

移而导致对信息的加工转换为浅加工模式 [1]。那么语言是否会对人们的思维、认知产生影响呢？

关于语言的一个普遍观念就是认为语言的作用仅仅是用于人们想法的沟通。基于这一观点，语言并不会对非语言的一些认知功能产生影响，比如记忆、知觉、分类等 [2][3]。也就是说，不同的语言虽然在发音、形式、语法上有不同，但是人们思考以及知觉世界的方式是类似的 [4][5]。语言心理学家以及认知心理学家对这一观点产生了质疑，认为语言不仅只是交换信息的工具，它同样也会影响人们的思维及认知 [6][7]。

关于语言对认知的作用，由沃尔夫（Whorf，1956 年）提出的语言相对论最为大家所熟知，但同时也充满了争议。语言相对论认为，语言会影响人们的思维和知觉世界的方式 [8]。语言并非只是用于进行思想的交流，它会影响我们对世界的认知 [9]。语言相对论的提出让大家关于语言的作用有了新的思考，学者们也发现了来自不同文化背景、使用不同语言的人们的确在某些认知能力上存在显著的差异 [10]。

3.1　语言与颜色

语言会影响人们的颜色认知，不同语言体系下的人们对于颜色的知觉有显

---

① Carr N. 2011. The shallows: what the Internet is doing to our brains. New York, NY: WW Norton.

② Pinker, S.（1994）. The language instinct. New York, NY: Harper Collins.

③ Snedeker, J., & Gleitman, L. [M].Why is it hard to label our concepts? In D. G. Hall & S. R. Waxman（Eds.）, Weaving a lexicon（Illustrated ed., pp. 257–294）. Cambridge, MA: MIT Press, 2004.

④ Malt, B. C., Gennari, S. P., Imai, M., Ameel, E., Saji, N., & Majid, A. [M].Where are the concepts? What words can and can't reveal. In E. Margolis & S. Laurence（Eds.）, The conceptual mind: New directions in the study of concepts（pp. 291–326）. Cambridge, MA: MIT Press, 2015.

⑤ Gleitman, L., & Papafragou, A. [M].Language and thought. In K. Holyoak & B. Morrison（Eds.）, Cambridge handbook of thinking and reasoning（pp. 633–661）. New York, NY: Cambridge University Press, 2005.

⑥ Baldo, J. V., Bunge, S. A., Wilson, S. M., & Dronkers, N. F. [J].Is relational reasoning dependent on language? A voxel–based lesion symptom mapping study. Brain and Language, 2010, 113, 59–64.

⑦ Casasanto, D. [J].Who's afraid of the big bad Whorf? Crosslinguistic differences in temporal language and thought. Language Learning, 2008, 58, 63–79.

⑧ Whorf, B. L.（1956）. Language, thought, and reality: Selected writings of Benjamin Lee Whorf. Edited by John B. Carroll. New York.

⑨ Lupyan, G., & Clark, A. [J].Words and the world predictive coding and the language–perception–cognition interface. Current Directions in Psychological Science, 2015, 24, 279–284.

⑩ Gordon, P. [J].Numerical cognition without words: Evidence from Amazonia. Science, 2004, 306, 496–499.

著的差异[1]。对于颜色有相应词汇对应的语言系统，人们对该颜色会有更好的知觉。Winawer等人（2007年）的研究分析了俄语使用者与英文使用者对颜色的知觉差异[2]。对于图3-1中的20种不同的蓝色，英文中只有Blue这一个单词用于描述，而俄语中存在深蓝（siniy）与浅蓝（goluboy）两个词语，并不存在一个统一描述蓝色的单词，俄语使用者在日常生活中也是常用siniy与goluboy这两个词来进行蓝色的描述。Winawer的实验设计很简单，被试观看呈现在屏幕上的三个蓝色方块（如图3-2），判断下面的两个矩形的颜色，哪一个与上面的那个矩形的颜色属于一类。结果表明，当下面两个矩形的颜色分别属于siniy与goluboy两个类别时，俄语使用者分辨得更快，但这种效应并没有在英文使用者中发现。也就是说，语言的确对颜色的知觉产生了影响。语言对颜色知觉的影响在中文使用者中也有发现[3]。此外，跨文化的研究也发现了不同语言的人们对于颜色相似性的判断以及颜色的记忆有所差异[4][5]。比如，如果两种不同的颜色在某一种语言中只有一个词语来描述，那么这种语言的使用者会认为这两种颜色更加相似，并且在记忆的时候也更加容易混淆，相比于这两种颜色由不同的词语去表述的语言。来自fMRI以及ERP等认知神经学的研究也支持了语言对颜色知觉的作用[6][7][8]，人的大脑结构会因为学习新的颜色类别信息而发生改变[9]。

[1] Roberson, D., Davies, I. R. L., & Davidoff, J. [J].Color categories are not universal: replications and new evidence from a stone age culture. Journal of Experimental .Psychology: General, 2000, 129, 369-398.

[2] Winawer, J., Witthoft, N., Frank, M. C., Wu, L., Wade, A. R., & Boroditsky, L. [J].Russian blues reveal effects of language on color discrimination. Proceedings of the National Academy of Sciences, 2007, 104（19）, 7780-7785.

[3] Zhong, W., Li, Y., Huang, Y., Li, H., and Mo, L. Is the lateralized categorical perception of color a situational effect of language on color perception? Cogn. Sci. doi:10.1111/cogs.12493.

[4] Roberson D, Davidoff J, Davies IR, Shapiro LR Cognit Psychol, 2005, 50:378-411.

[5] Davies IR, Sowden PT, Jerrett DT, Jerrett T, Corbett GG（1998）Br J Psychol, 89:1-15.

[6] Siok, W. T., Kay, P., Wang, W. S. Y., Chan, A. H. D., Chen, L., Luke, K., & Tan, L. H., 2009. Language regions of brain are operative in color perception. Proceedings of the National Academy of Sciences, 106（20）, 8140-8145.

[7] Clifford, A., Holmes, A., Davies, I. R. L., & Franklin, A. [J].Color categories affect pre-attentive color perception. Biological Psychology, 2010, 85（2）, 275-282.

[8] Mo, L., Xu, G., Kay, P., & Tan, L. H. [J].Electrophysiological evidence for the left-lateralized effect of language on preattentive categorical perception of color. Proceedings of the National Academy of Sciences, 2011, 108（34）, 14026-14030.

[9] Kwok, V., Niu, Z., Kay, P., Zhou, K., Mo, L., Jin, Z., So, K., & Tan, L. H. [J].Learning new color names produces rapid increase in gray matter in the intact adult human cortex. Proceedings of the National Academy of Sciences, 2011, 108（16）, 6686-6688.

图 3-1　20 种不同的蓝色

（图片来源：Winawer, J., Witthoft, N., Frank, M. C., Wu, L., Wade, A. R., & Boroditsky, L. Russian blues reveal effects of language on color discrimination. Proceedings of the National Academy of Sciences, , 2007, 104（19）, 7780–7785.）

图 3-2　实验任务

（图片来源：同图 3-1）

3.2　语言与情绪

人们在不同的境况下会产生不同的情绪体验，这些不同的情绪体验往往会产生不同的面部表情或行为动作。在复杂的社会生活中，大多数人都能非常快速地通过表情来理解他人的情绪状态。关于情绪跨文化的研究，通过分析人们的面部表情及情绪的关系，认为有些情绪在不同的文化间是统一的，比如高兴、恐惧、惊吓、愤怒、厌恶、悲哀。因此，有学者认为这六种情绪是人类的基本情绪，在不同的文化下均有类似的表情[①]。这一观点得到了很多学者的支持，认为情绪知觉是对面孔信息的一个自动化加工的过程[②③]。它的前期假设是认为人们的基础情绪是由特定的面部肌肉运动来编码的，人们对于情绪的知觉本质上是对面部肌肉运动模式的一种解码，是自动化并且在不同的文化间具有一致性[④]。

然而，越来越多的研究对这一理论提出了质疑。有研究通过生理记录仪来记录人们面部肌肉运动所产生的肌电数据，但并不能区分不同类型的基础情绪。有研究采集了难过与生气表情下的面部肌电数据，但肌电数据并不能有效地区分难过与生气的面部表情的肌肉运动模式[⑤⑥]。此外，也有大量研究表明面部肌

---

① Ekman, Paul. An argument for basic emotions. Cognition & Emotion, 1992, 6（3/4）. 169–200.

② Ekman, P., & Cordaro, D. [J].What is meant by calling emotions basic. Emotion Review, 2011, 3, 364–370.

③ Izard, C. E. [J].Forms and functions of emotions: Matters of emotion–cognition interactions. Emotion Review, 2011, 3, 371–378.

④ Tracy, J. L., & Robins, R. W. [J].The automaticity of emotion recognition. Emotion, 2008, 8, 81–95.

⑤ Cacioppo, J. T., Berntson, C. G., Larsen, J. T., Poehlmann, K. M., & Ito, T. A.（2000）. The psychophysiology of emotion. In M. Lewis & J. M. H. Jones（Eds.）, Handbook of emotions（2nd ed., pp. 173–191）. New York, NY: Guilford.

⑥ Mauss, I. B., & Robinson, M. D. [J].Measures of emotion: A review. Cognition & Emotion, 2009, 23, 209–237.

肉的运动与情绪并非是一一对应的关系[①]，有时候人们知觉到的情绪并非是相应的面部表情，比如，喜极而泣，人们的面部表情是哭泣，但是情绪体验是高兴。因此，越来越多的学者们认为情绪并非仅仅是面部的肌肉活动，情绪与语言有着密切的关系。

众所周知，每种文化均包含丰富的用于描述情绪的词语，但情绪与语言的关系并非仅仅如此，越来越多的证据表明，语言与情绪是一个相互作用的过程。首先，情绪会影响人们对于语言的加工。语言从情绪的角度可分为情绪词（涉及情绪的词语：高兴、恐惧等）以及中性词（不含有情绪的词语：桌子、电脑等），而情绪词又可分为积极词汇以及消极词汇。研究发现，人们对于词汇的加工具有消极偏向，也就是对负性的情绪词语（比如厌恶）相对于正性的词语有更多的注意偏向[②]，词汇所包含的情绪信息会影响人们对于词汇本身的加工。此外，人本身的情绪状态也会对语言信息的加工产生影响。当人们处于积极情绪中的时候，会倾向于产生更多积极的词语[③]。来自大量脑神经机制的研究，也支持了情绪会对语言加工产生影响，情绪词会激活更多与情绪相关的脑区[④]，积极情绪的背景图片与消极情绪的背景图片会导致词汇提取任务中脑区的激活有所不同，消极背景下观察到"杏仁核"被更高的激活[⑤]。

除了情绪对于语言的影响外，反过来，大量的研究也表明了语言会对情绪产生影响[⑥][⑦]。早期的神经科学家认为，当某一脑区受损的时候，会影响语言的某种功能（比如，语言的流畅度或者语义等），那么这个区域的功能就是缺失掉的这一部分语言功能，通过这种方式，早期的神经科学家构建了大脑与语言相对应的脑区。那么，如果语言会影响情绪，负责语言加工的脑区受损，是否也会

---

① Fernández-Dols, J. M., & Ruiz-Belda, M. A. [J].Are smiles a sign of happiness? Gold medal winners at the Olympic Games. Journal of Personality and Social Psychology, 1995, 69, 1113–1119.

② Charash, M, & Mckay, D. [J].Attention bias for disgust. Journal of Anxiety Disordors, 2002, 16, 529–541.

③ Mayer, J. D., McCormick, L. J., & Strong, S. E. [J].Mood-congruent memory and natural mood: new evidence. Personality and Social Psychology Bulletin, 1995, 21, 736–746.

④ Isenberg, N., Silbersweig, D., Engelien, A., Emmerich, S., Malavade, K., Beattie, B., et al. [J].Linguistic threat activates the human amygdala. Proceedings of the National Academy of Sciences USA, 1999, 96, 10456–10459.

⑤ Erk, S., Kiefer, M., Grothe, J., Wunderlich, A. P., Spitzer, M., & Walter, H. [J].Emotional context modulates subsequent memory effect. Neuro Image, 2003, 18, 439–447.

⑥ Barrett, L. F., Lindquist, K. A., & Gendron, M. [J].Language as context for the perception of emotion. Trends in Cognitive Sciences, 2007, 11, 327–332.

⑦ Barrett, L. F., Mesquita, B., & Gendron, M. [J].Emotion perception in context. Current Directions in Psychological Science, 2011, 20, 286–290.

影响情绪的加工呢？这个回答是肯定的，对大脑损伤病人的研究发现，语言区的受损除了会影响语言功能外，往往也会影响对情绪信息的加工 [1]。正常被试中同样也发现了语言对于情绪的作用，当让人们重复某个情绪单词 30 次后，对情绪判断任务会受到之前重复的单词影响，当重复的单词与判断任务中的情绪不一致时，反应时间会更长且准确率也会更低 [2]。

相对于脑损伤病人，大多是习得了语言与情绪，但是脑区受损后损失了相应的功能，对于儿童的研究可用于探讨，语言习得的过程与情绪知觉的联系。在儿童习得情绪相关的语言之前，他们是无法准确地识别情绪的。当 2 岁大的儿童开始习得简单的情绪词语，比如，难过、高兴，他们会根据面孔的表情分为高兴的或者难过的。而当他们习得更多关于情绪的词语后，对于情绪的分类也会更加丰富及准确 [3]。

大量的研究表明，语言与情绪的关系，并非仅仅是通过语言来对相应的情绪概念进行描述，而是二者会相互作用、相互影响。语言对于人们情绪知觉、情绪的识别等均会带来重要的影响。

3.3　语言与审美

美与人们的生活息息相关，我们会从好不好看的角度对人的外貌进行评价，甚至对其工作能力的评价；我们会从审美的角度来评价一个产品，进而对人们的消费决策产生影响；我们会对文学进行审美上的评价，这首诗是否优美；对于声音，人们也会从美的角度来对其进行评价等。可以说审美决策涉及我们生活的方方面面。那么语言是否会影响审美呢？

大多关于审美的研究重在探讨审美这一非常主观的决策是否存在着一些共性。在人们的努力下，的确发现了审美是存在一定偏好的，并非毫无规律可言。

① Roberson, D., Davidoff, J., & Braisby, N. , Similarity and categorisation: Neuropsychological evidence for a dissociation in explicit categorisation tasks. Cognition, 1999, 71, 1–42.

② Lindquist, K. A., Barrett, L. F., Bliss-Moreau, E., & Russell, J. A. [J].Language and the perception of emotion. Emotion, 2006, 6, 125–138.

③ Widen, S. C., & Russell, J. A. [J]A closer look at preschoolers' freely produced labels for facial expressions. Developmental Psychology, 2003, 39, 114–127.

低层次的视觉信息会影响人们的审美偏好，人们更加喜欢对称的图形 [1][2]，对称的面孔也被认为更具有吸引力 [3][4]，雕塑中的黄金比例也更加能满足人们的视觉审美 [5]，相对于尖锐的轮廓人们更加喜欢圆弧形的物体轮廓 [6]，图像的对比度与清晰度会影响人们的审美 [7]，颜色也会对审美产生影响 [8]，此外，分形结构 [9] 以及图形边的数量 [10] 等均会对人们的审美带来影响。除了低层次的视觉信息外，视觉信息所包含的社会意义会影响人们的审美，人们认为微笑的面孔会更加有吸引力 [11]，内在好的人也会更加好看 [12]，与道德相关的场景也更加具有美感 [13]。

在对于艺术作品的研究中，图像本身的意义对于审美判断的预测最可靠的结果来自于人们对于抽象艺术以及具象艺术的审美研究。大量研究表明，相对于抽象艺术人们更加喜欢具象艺术 [14]。Landau 等人（2006 年）认为这一现象产生的原因是由于人们不喜欢对他们来说毫无意义的事物，而当人们可以从抽象艺术里发现意义时能够提升他们对抽象艺术的审美体验 [15]。更进一步的研究发现，

① Voloshinov, A. V.（1996）. Symmetry as a Super principle of Science and Art. Leonardo 29, 109–113.

② Rentschler I. Jüttner M. Unzicker A. Landis T. [J].Innate and learned components of human visual preference. Current Biology, 1999，9，665–671.

③ Koehler, N., Rhodes, G. & Simmons, L. W. Are human female preferences for symmetrical male faces enhanced when conception is likely? Anim. Behav. 2002，64，233–238.

④ Little, A. C., Jones, B. C., DeBruine, L. M. & Feinberg, D. F.，Symmetry and sexual dimorphism in human faces: Interrelated preferences suggest both signal quality. Behav. Ecol. 2008，19，902–908.

⑤ Di Dio, C., Macaluso, E. & Rizzolatti, G.The golden beauty: Brain response to classical and renaissance sculpture. PLoS ONE. 2007，2（11），e1201.

⑥ Bar M.，Neta M. [J].Humans prefer curved visual objects. Psychological Science, 2006，17，645–648.

⑦ Reber R. Schwarz N. Winkielman P. Processing fluency and aesthetic pleasure: Is beauty in the perceiver's processing experience? Personality and Social Psychology Review, 2004，8，364–382.

⑧ McManus I. C. Jones A. L. Cottrell J. [J].The aesthetics of colour. Perception, 1981，10，651–666.

⑨ Graham D. J. Field D. J. [J].Statistical regularities of art images and natural scenes: Spectra, sparseness and nonlinearities. Spatial Vision, 2007，21，149–164.

⑩ Aitken P. P. [J].Judgements of pleasingness and interestingness as functions of visual complexity. Journal of Experimental Psychology, 1974，103，240–244.

⑪ O'Doherty, J. et al. [J].Beauty in a smile: The role of medial orbitofrontal cortex in facial attractiveness. Neuropsychologia. 2003，41，147–155.

⑫ Hassin, R. & Trope, Y. [J]Facing faces: Studies on the cognitive aspects of physiognomy. J. Pers. Soc. Psychol. 2000，78，837–852.

⑬ Wang, T. T. et al.（2014）. Is moral beauty different from facial beauty? Evidence from an fMRI study. Soc. Cogn. Affect. Neurosci. 10，6，doi:10.1093/scan/nsu123.

⑭ Landau, M. J., Greenberg, J., Solomon, S., Pyszczynski, T., & Martens, A. [J].Windows into nothingness: Terror management, meaninglessness, and negative reactions to modern art. Journal of Personality and Social Psychology, 2006，90，879–892.

⑮ Leder H., Gerger G., Dressler S. G., & Schabmann A.[J]. How art is appreciated. Psychology of Aesthetics, Creativity, & the Arts, 2012，6（1），2–10.

人们对于抽象艺术的评分往往要比对写实/具象艺术作品的评分差异性更大[①]，也就是人们对于抽象艺术作品的审美判断分歧性较高，而对于具象艺术作品的审美评分，人们的判断结果更加一致。Vessel & Rubin（2010 年）认为，这一现象产生的原因与审美与刺激的语义关联性相关，当视觉刺激的语义关联性较高时，人们对其审美评分会更加一致。因此，语义对于审美的影响不仅存在于审美评分高低的影响，也体现在审美一致性这一维度上。更加直接的研究发现，同一幅作品，有作品名的要比没有作品名的审美评价更加一致。

从前人这些研究中不难发现，人们的审美，除了受到来自图像本身的视觉特征影响外，更重要的是会受到其所包含的语义信息的影响。而语义在大脑中的存储大多是经由语言实现的，那么语言的发展是如何对审美产生影响的。结合前文中语言对于颜色知觉的影响，而颜色又会影响人们的审美，那么语言会影响人们的审美这一推论似乎更加可信。不过，目前关于语言对于审美的直接证据并不多，其具体的加工机制、脑机制等仍需要学者们的不断钻研。

[①]　Vessel E. A., Rubin N. [J].Beauty and the beholder: Highly individual taste for abstract, but not real-world images. Journal of Vision, 2010, 10（2）: 18, 1-14.

第 4 章

阅 读

　　阅读是人们获取信息的重要途径。从古至今，阅读的媒介在不停地发生改变，进而使得信息的存储与接收产生了巨大的变化，导致人们的阅读习惯也随之改变。但无论技术如何发展，阅读的本质并没有发生变化。

　　阅读是对书面文字的理解，是一项复杂的认知过程。一个熟练的阅读者必须协同知觉、认知和动作控制才能有效地完成阅读。首先，人们的视觉系统把文本编码成词语；其次，认知系统从记忆中检索这些词的拼写和语义信息，构建文本所对应的意义；最后，动作控制系统则时刻准备并执行眼跳程序，把眼睛移动到需要进行加工的位置或者停留在需要深度加工的信息上。任何一个环节出现问题，都会影响阅读的进行。

　　虽然阅读是一个复杂的认知过程，但人们往往并不会意识到其在进行阅读，阅读更多的是自然而然的一个自动化的过程。除非当人们的阅读出现问题，无法正常地加工理解语义信息的时候，比如当阅读的难度较大的时候，人们才会特别意识到阅读这件事的存在。

　　阅读在形式上可分为出声阅读及默读。朗读就是常见的出声阅读，当你看一本书的时候，并没有发出任何声音，则是默读的形式。出声阅读在教学中非常常见，老师们可以根据学生们的朗读来判断学生是否有阅读错误，以便评估学生的阅读能力。学者们认为出声阅读要早于默读的发展，但当人们掌握了一定程度的语言能力，默读的流畅性及效率会更高。目前关于阅读的研究大多是基于默读的研究，通过分析人们默读时的眼动行为、脑机制等来了解阅读的机制，并进一步构建语言阅读模型。

　　在阅读过程中，为了有效地加工文本信息，注意系统需要将有限的认知资源分配到恰当的词上，以保证阅读理解的流畅及高效。人们往往会有这样的体验，有些时候我们可以聚精会神、全神贯注地看一本书或者一段话，但有些时候我们的眼睛在文字上，大脑的思绪却并不在当前阅读的内容上。因此，从注意的角度来看，阅读可分为注意集中下的阅读以及无意识阅读。大多数关于阅读的研究都是基于注意集中状况下的结论，研究者们会让被试尽可能集中注意地完成阅读任务，或者删除注意力不集中时的（往往是后续回答发生错误）数据，从而分析其在阅读时采用的策略及背后认知神经机制等。但是，即便是让被试集中注意去完成任务，也会发现被试并不能在一个实验中，完全不出现走神或者注意力不集中的状况。因此，目前也有学者认为在针对阅读机制进行研究时，需要考虑到注意力不集中的状况。当"走神"发生时，注意和正在加工的外部刺激脱节，转移到别的无关想法，甚至大脑一片空白。走神是非常常见的一种现象，人们日常生活中 30%~50% 的时间都在走神 ①②，即使是熟练的阅读者也会在阅读过程中出现走神 ③。研究者发现当阅读有"走神"趋势时，只有非常少的注意资源投向文本 ④，阅读过程中的走神会损害对文本的理解 ⑤。虽然无意识阅读是非常有意思且值得详细探讨的一个方向，但是本书的内容仍然更多地聚焦在人们在有意识阅读时的认知机制。

4.1 阅读中的眼动过程

阅读是通过眼动（eye movement）来进行的，眼动主要包括眼跳（saccade）与注视（fixation）这两个最基本的过程。眼跳是眼睛不断运动的过程，从一个目标跳到下一个目标；注视是眼睛相对静止的停留在某个目标上并对其进行加工的过程，比如当你盯着某个词看的时候。那么我们会对某个词语注视多久，并且下次眼跳的目标又是哪里，这两个问题一直是阅读中最核心的研究内容。注视时长更多体现地是加工的难易程度，较难的信息我们会有较长的注视时长，而跳向哪里则是阅读中的目标选择，是发动一个较长的眼跳还是一个较短的眼跳，如何确定接下来眼睛要跳向哪里。

我们的眼睛无时无刻都在接收信息，场景信息、文字信息、目标信息等都需要我们对其进行很好的加工。那么我们在处理这些不同视觉信息的时候，是否会有一个统一的眼跳标准呢，毕竟一个统一的标准对神经系统来说会更加节省资源。大量研究表明，在进行不同的视觉任务时，眼跳行为会存在很大的差异，

① Giambra, L. M. [J].Task-unrelated-thought frequency as a function of age: A laboratory study. Psychology and Aging, 1989, 4, 136-143.

② Kane, M. J., Brown, L. H., McVay, J. C., Silvia, P. J., Myin-Germeys, I., , Kwapil, T.R. [J].For whom the mind wanders, and when-An experience-sampling study of working memory and executive control in daily life. Psychological Science, 2007, 18, 614-621.

③ Glenberg, A.M., Wilkinson, A., Epstein, W. [J].The illusion of knowing: Failure in the self-assessment of comprehension. Memory & Cognition, 1983, 10, 597-602.

④ Smallwood, J., Beach, E., Schooler, J. W., & Handy, T. C. [J].Going AWOL in the brain: Mind wandering reduces cortical analysis of external events. Journal of Cognitive Neuroscience, 2008, 20, 458-469.

⑤ Schooler, J.W., Reichle, E.D., & Halpern, D.V. [M].Zoning-out while reading: Evidence for dissociations between experience and meta-consciousness. Thinking and seeing: Visual metacognition in adults and children （pp. 203-226）. Cambridge, MA: MIT Press, 2009.

尤其是阅读过程中的眼跳与完成其他任务时的表现会不同 [1][2]。

一个明显的差异就是，在进行语言加工的时候，我们的注视分布是不对称的。在由左向右阅读的语言中，比如英文，注视两侧的信息范围是不相等的 [3][4]，右边离注视 14~15 个字母的信息依然会对注视产生影响，但是左侧却只有 3~4 个字母的范围。这个结果直到现在也有大量的研究支持，表明注视右侧的知觉域要比左侧更大 [5][6][7][8]。这种不对称的视觉分布，也很容易受到文字的形态复杂度、词汇信息、语音信息、语义信息等的影响，因此即便是对于同是语言加工，不同语言体系间的差异也会导致阅读时眼动模式的不同，最明显的就是有词间空格的字母文字与不含词间空格的文字，如中文。

4.2 字母文字的阅读

字母文字是由字母组成词语，词语按照一定的语法组成句子，句子再组成篇章，值得注意的一点是，字母文字中词与词之间存在着词间空格。空格的存在使人们在阅读的时候可以获取词的边界信息。要想更加有效率的获取词的信息，注视词的中央位置无疑是最快获取词信息的位置。因此，在字母文字中，词的中央位置被假设为最优注视位置（optimal viewing position，OVP）[9]。但是，在真正阅读时，人们并不能丝毫不差地把眼睛移动到词的中央位置处。对字母文

① Rayner, K., Li, X., Williams, C. C., Cave, K. R., & Well, A. D. [J].Eye movements during information processing tasks: Individual differences and cultural effects. Vision Research, 2007, 47, 2714–2726.

② Andrews, T. J., & Coppola, D. M. [J].Idiosyncratic characteristics of saccadic eye movements when viewing different visual environments. Vision Research, 1999, 39, 2947–2953.

③ McConkie, G. W., & Rayner, K. [J].The span of the effective stimulus during a fixation in reading. Perception & Psychophysics, 1975, 17, 578–586.

④ McConkie, G. W., & Rayner, K. [J].Asymmetry of the perceptual span in reading. Bulletin of the Psychonomic Society, 1976, 8, 365–368.

⑤ Blythe, H. I. [J].Developmental changes in eye movements and visual information encoding associated with learning to read. Current Directions in Psychological Science, 2014, 23, 201–207.

⑥ Rayner, K., Yang, J., Schuett, S., & Slattery, T. J. [J].The effect of foveal and parafoveal masks on the eye movements of older and younger readers. Psychology and Aging, 2014, 29, 205–212.

⑦ Veldre, A., & Andrews, S. Lexical quality and eye movements: Individual differences in the perceptual span of skilled adult readers. Quarterly Journal of Experimental Psychology: Human Experimental Psychology, 2014, 67, 703–727.

⑧ Yan, M., Zhou, W., Shu, H., & Kliegl, R. Perceptual span depends on font size during the reading of Chinese sentences. Journal of Experimental Psychology: Learning, Memory, and Cognition, 2015, 41, 209–219.

⑨ O' Regan JK, Lévy–Schoen A. [J].Eye movement strategy and tactics in word recognition and reading. In: Coltheart M, editor. Attention and performance. Vol. 12. London: Lawrence Erlbaum Associates, 1987.

字的研究发现,阅读时存在注视位置偏好(prefer viewing location, pvl)[①],大量研究表明这个位置处于词的开头与词中央位置的中间 [②③④⑤]。也就是说,OVP 代表的是眼睛理论上应该注视的最优位置,而 PVL 代表的是在真实阅读中,眼睛注视的位置偏好。在字母文字中发现,当眼睛注视位置落在一个非最优位置时,更容易发生再注视 [⑥]。

在对字母文字的过去几十年的研究中,大量研究表明当前注视词的加工难易度会明显影响眼睛什么时候离开该词 [⑦⑧⑨]。因此,对词的注视时间受很多词汇或语义信息的影响,比如词频 [⑩~⑬],人们对高频词的注视时间往往会更短;词的预测性 [⑭⑮],高预测性的词语往往有较短的注视时间,并且有较高的跳读率。

① Rayner, K.(1979). Eye guidance in reading: Fixation locations in words. Perception, 8, 21–30.

② McConkie, G. W., Kerr, P. W., Reddix, M. D., & Zola, D.(1988). Eye movement control during reading: I. The location of initial fixations on words. Vision Research, 28, 1107–1118.

③ McConkie, G. W., Kerr PW, Reddix MD, Zola D, Jacobs AM.(1989). Eye-movement control during reading 2: Frequency of refixating a word. Perception & Psychophysics, 46, 245–253.

④ Radach, R.; Kempe, V.(1993). An individual analysis of initial fixation positions in reading. In: Dydewalle, GVJ., editor. Perception and cognition: Advances in eye movement research, 4, 213–225.

⑤ Rayner K, Sereno SC, Raney GE.(1996). Eye movement control in reading: A comparison of two types of models. Journal of Experimental Psychology: Human Perception and Performance, 22, 1188–1200.

⑥ O'Regan, J. K.(1990). Eye movements and reading. In E. Kowler(Ed.). Eye movements and their role in visual and cognitive processes(Vol. 4, pp. 395–453). North-Holland, Amsterdam: Elsevier.

⑦ Liversedge, S. P., & Findlay, J. M. [J].Saccadic eye movements and cognition. Trends in Cognitive Sciences, 2000, 4, 6–14.

⑧ Rayner, K. [J].Eye movements in reading and information processing: 20 years of research. Psychological Bulletin, 1978, 124, 372–422.

⑨ Starr, M. S., & Rayner, K. [J].Eye movements during reading: Some current controversies. Trends in Cognitive Sciences, 2001, 5, 156–163.

⑩ Inhoff, A. W., & Rayner, K. [J].Parafoveal word processing during fixations in reading: Effects of word frequency. Perception & Psychophysics, 1986, 40, 431–439.

⑪ Kliegl, R., Grabner, E., Rolfs, M., & Engbert, R. [J].Length, frequency, and predictability effects of words on eye movements in reading. European Journal of Cognitive Psychology, 2004, 16, 262–284.

⑫ Rayner, K., & Duffy, S. A. [J].Lexical complexity and fixation times in reading: Effects of word frequency, verb complexity, and lexical ambiguity. Memory & Cognition, 1986, 14, 191–201.

⑬ Schilling, H. E. H., Rayner, K., & Chumbley, J. I. [J].Comparing naming, lexical decision, and eye fixation times: Word frequency effects and individual differences. Memory & Cognition, 1998, 26, 1270–1281.

⑭ Ehrlich, S.F. & Rayner, K. [J].Contextual effects on word perception and eye movements during reading. Journal of Verbal Learning & Verbal Behavior, 1981, 20, 641–655.

⑮ Drieghe, D., Brysbaert, M., Desmet, T., & Debaecke, C. [J].Word skipping in reading: On the interplay of linguistic and visual factors. European Journal of Cognitive Psychology, 2004, 16, 79–103.

此外, 词包含的意义的个数[1][2][3][4], 语音学的特征等[5][6][7][8]也会对注视时长产生影响。

对于眼睛跳向哪里的问题, 研究表明更多是受低层次的视觉信息影响, 比如词间空格与词长。眼跳长度会受当前注视词的长度与当前注视词的右边的词长度也就是预视词的词长影响[9][10]。当注视位置右边的词长特别长或特别短的时候, 相对于中等词长的时候, 眼跳长度会更长。除了影响眼跳长度外, 词的长度也会对注视位置产生影响[11][12]。此外, 词间空格也是影响眼跳的一个重要因素。研究通过移除词间空格来直观地考察它对阅读带来的影响, 结果表明, 移除词间空格后, 阅读变慢了[13]。当然, 对于没有词间空格的语言, 词间空格的作用可以通过加入空格来考察。研究表明, 当在没有词间空格的语言中加入空格的时候,

[1] Binder, K. S., & Morris, R. K. [J].Eye movements and lexical ambiguity resolution: Effects of prior encounter and discourse topic. Journal of Experimental Psychology: Learning, Memory, and Cognition, 1995, 21, 1186–1196.

[2] Binder, K. S., & Rayner, K. [J].Contextual strength does not modulate the subordinate bias effect: Evidence from eye fixations and self–paced reading. Psychonomic Bulletin & Review, 1998, 5, 271–276.

[3] Dopkins, S., Morris, R. K., & Rayner, K. [J].Lexical ambiguity and eye movements in reading: A test of competing models of lexical ambiguity resolution. Journal of Memory and Language, 1992, 31, 461–477.

[4] Duffy, S. A., Morris, R. K., & Rayner, K. [J].Lexical ambiguity and fixation times in reading. Journal of Memory and Language, 1988, 27, 429–446.

[5] Ashby, J. [J].Prosody in skilled silent reading: Evidence from eye movements. Journal of Research in Reading, 2006, 29, 318–333.

[6] Ashby, J., & Clifton, C. [J].The prosodic property of lexical stress affects eye movements during silent reading. Cognition, 2015, 96, B89–B100.

[7] Folk, J. R. [J].Phonological codes are used to access the lexicon during silent reading. Journal of Experimental Psychology: Learning, Memory, and Cognition, 1999, 25, 892–906.

[8] Jared, D., Levy, B. A., & Rayner, K. [J].The role of phonology in the activation of word meanings during reading: Evidence from proofreading and eye movements. Journal of Experimental Psychology: General, 1999, 128, 219–264.

[9] Inhoff, A. W., Radach, R., Eiter, B. M., & Juhasz, B. [J].Distinct subsystems for the parafoveal processing of spatial and linguistic information during eye fixations in reading. Quarterly Journal of Experimental Psychology, 2003, 56A, 803–828.

[10] White, S. J., Rayner, K., & Liversedge, S. P. [J].The influence of parafoveal word length and contex–tual constraint on fixation durations and word skipping in reading. Psychonomic Bulletin & Review, 2005, 12, 466–471.

[11] Rayner, K., Binder, K. S., Ashby, J., & Pollatsek, A. [J].Eye movement control in reading: Word predictability has little influence on initial landing positions in words. Vision Research, 2001, 41, 943–954.

[12] Vitu, F. [J].The influence of parafoveal proces– sing and linguistic context on the optimal landing position effect. Perception & Psychophysics, 1991, 50, 58–75.

[13] Spragins, A. B., Lefton, L. A., & Fisher, D. F. [J].Eye movements while reading spatially transformed text: A developmental study. Memory & Cognition, 1976, 4, 36–42.

比如在泰文中加入空格可以有效地提高阅读效率[①]；对德语的研究也表明，当加入词间空格后，阅读时间普遍减少了，阅读变得更加有效率[②]。

这样看来似乎高层次的信息主要对加工信息的过程产生影响，而低层次的视觉信息影响着眼跳向哪里的过程。但是，越来越多的研究表明，在字母文字的加工中，词汇、语义等信息对眼跳也是有影响的。研究发现，当前注视词的词频会影响跳出它的眼跳长度[③]，跳出高频词的眼跳长度要高于跳出低频词的眼跳长度。除了当前注视词的词频外，在英文[④]与芬兰语[⑤]中也有研究表明旁边中央的词频会影响进入该词的眼跳长度。但是词频对眼跳长度的影响是存在争议的，相当一部分的研究表明词频更多地影响的是眼跳的跳读[⑥]，而不是大部分眼跳的注视位置[⑦⑧]。同样的，预测性对眼跳的影响也更多体现在对跳读率的影响上[⑨]，高预测性词的跳读发生要比低预测性词的跳读更多，而不是对眼跳长度产生影响[⑩]。

4.3　中文的阅读

与前面所提到的关于字母文字的研究不同，中文本身就是一种很独特的语言。

① Kohsom, C., & Gobet, F. [J].Adding spaces to Thai and English: Effects on reading. Proceedings of the Cognitive Science Society, 1997, 19, 388–393.

② Inhoff, A. W., Radach, R., & Heller, D. [J].Complex compounds in German: Interword spaces facilitate segmentation but hinder assignment of meaning. Journal of Memory and Language, 2000, 42, 23–50.

③ White, S. J., & Liversedge, S. P. [J]Foveal processing difficulty does not modulate non–foveal orthographic influences on fixation positions. Vision Research, 2006, 46, 426–437.

④ Rayner, K., Reichle, E.D., Stroud, M.J., Williams, C.C., Pollatsek, A. [J].The effect of word frequency, word predictability, and font difficulty on the eye movements of young and older readers. Psychology and Aging, 2006, 21, 448–465.

⑤ Hyönä, J. & Pollatsek, A. [J].Reading Finnish compound words: Eye fixations are affected by component morphemes. Journal of Experimental Psychology: Human Perception and Performance, 1998, 24, 1612–1627.

⑥ Schotter, E.R., Bicknell, K., Howard, I., Levy, R., & Rayner, K. [J].Task effects reveal cognitive flexibility responding to frequency and predictability: Evidence from eye movements in reading and proofreading. Cognition, 2014, 131, 1–27.

⑦ Dunn–Rankin, P. [J].The visual characteristics of words. Scientific American, 1978, 238, 122–130.

⑧ Reingold, E. M., Reichle, E. D., Glaholt, M. G., & Sheridan, H. [J].Direct lexical control of eye movements in reading: Evidence from survival analysis of fixation durations. Cognitive Psychology, 2012, 65, 177–206.

⑨ Rayner, K., Ashby, J., Pollatsek, A., & Reichle, E. D. [J].The effects of word frequency and predictability on eye fixations in reading: Implications for the E–Z Reader model. Journal of Experimental Psychology: Human Perception and Performance, 2004, 30, 720–732.

⑩ Lavigne, F., Vitu, F., & d′Ydewalle, G. [J].The influence of semantic context on initial eye landing sites in words. Acta Psychologica, 2000, 104, 191–214.

中文由 5000 多汉字组成 [①]，汉字是由不同的笔画构成的比较有棱角的方块字，并且汉字本身是具有意义的。再由这些汉字构成了中文中的单字词、双字词、三字词、四字词等词语，进而通过词语组成句子。当代社会生活中比较稳定的、使用频率较高的汉语普通话常用词语 56008 个，笔划数在 1~36，汉字基础信息如表 4-1 所示。中文中的句子是没有词间空格的，所有的汉字以相等的距离排列成行。

　　这种没有词间空格的形式，意味着人们在阅读的时候并没有视觉上的线索来获取词的边界信息，因此中文中进行词的切分是一件很困难的事，再加上中文的词汇量非常大，词的归属往往非常模糊，同样的字词，切分方法不同，意思也就不同。比如"他将在本月10号前去北京"这个句子，不同的切分方法就会产生不同的意思，"他将在本月10号 / 前去北京"或者"他将在本月10号前 / 去北京"，前者代表他在 10 号那天去，后者代表他在 10 号以前的某一天去北京。然而事实上，在有这么多种不确定性的情况下，中文阅读者依然可以很好地对语言进行加工，背后的机制是什么呢？

中文汉字的基础信息　　　　　　　　　　　　　表 4-1

字词	比例	使用比重
单字词	6%	70.1%
双字词	72%	27.1%
三字词	12%	1.9%
四字词	10%	0.8%
其他	0.3%	0.1%

　　Yan 等人（2010 年）研究发现，中文阅读中的首注视位置更加偏向词的开头，出现了在字母文字中出现的 PVL，在只注视一次的情况下，注视位置会集中在词的中央 [②]。基于这些结果，他们认为如果通过旁中央凹加工可以获得词边界信息，那么接下来的注视就会落在词的中央位置；如果通过旁中央凹加工并没有获得词边界信息，那么接下来的注视位置就会偏向词的开头。他们的这种解释符合了他们观察到的结果，但是并不能证明中文中存在注视位置偏好。Li 等人（2011 年）的研究中，当分析首注视与单一注视时，他们得到了 Yan 等人（2010 年）

[①] Hoosain, R. (1991). Psycholinguistic implications for linguistic relativity: A case study of Chinese. Hillsdale, NJ: Lawrence Erlbaum Associates, Inc.

[②] Yan M, Kliegl R, Richter EM, Nuthmann A, Shu H. [J].Flexible saccade-target selection in Chinese reading. Quarterly Journal of Experimental Psychology, 2010, 63, 705-725.

类似的结果，但当分析所有正向的注视位置分布时，并不存在位置偏好，并且他们的模拟结果并不完全支持中文是以词为目标单位，他们提出了在中文阅读中字与词对眼跳可能是一个交互影响的过程。

在字母文字中，之前有提到词长、词间空格对眼跳起主要作用，但是也有研究表明高级语义信息也会对眼跳产生影响。那么在中文阅读中，这些低层次的信息与高层次的信息又是如何发挥作用的呢。在德语与泰语中加入词间空格会提高阅读不同，在中文中的每个字间加入空格反而会干涉阅读，但在词间加入空格并不会产生干涉作用[1]。在不含词间空格的语言中，高层次的信息也会影响眼跳长度，当前注视词的词频会影响跳出该词的眼跳长度[2][3][4]；对中文[5]与藏语[6]的研究表明，旁中央凹的词频会影响眼跳进入该区域的眼跳长度。尽管这些研究表明高层次的语言信息可能对眼跳产生影响，但这些效果都非常小，离开高频词的眼跳长度仅比低频词的长 0.1~0.2 个字[7]。

4.4 不含语义信息的阅读

早期的对阅读中的眼动过程有两种理论来解释，一种是眼球运动理论（Oculomotor theories），认为阅读中的眼动主要受视觉与眼球运动本身的影响[8]，高级认知过程不会对其产生影响；另一种理论是认知加工理论（Cognitive processing

① Bai, X., Yan, G., Liversedge, S. P., Zang, C., & Rayner, K. [J].Reading spaced and unspaced Chinese text: Evidence from eye movements. Journal of Experimental Psychology: Human Perception and Performance, 2018, 34, 1277–1287.

② Li, X., Bicknell, K., Liu, P., Wei, W., & Rayner, K. [J]Reading is fundamentally similar across disparate writing systems: A systematic characterization of how words and characters influence eye movements in Chinese reading. Journal of Experimental Psychology: General, 2014, 143, 895–913.

③ Liu, Y., Reichle, E. D., & Li, X. [J].The Effect of Word Frequency and Parafoveal Preview on Saccade Length During the Reading of Chinese. Journal of Experimental Psychology: Human Perception and Performance. Advance online publication. http://dx.doi.org/10.1037/ xhp0000190, 2016.

④ Wei, W., Li, X., & Pollatsek, A. [J].Word properties of a fixated region affect outgoing saccade length in Chinese reading. Vision Research, 2013, 80, 1–6.

⑤ Liu, Y., Reichle, E. D., & Li, X. [J].Parafoveal processing affects outgoing saccade length during the reading of Chinese. Journal of Experimental Psychology: Learning, Memory and Cognition, 2015, 41, 1229–1236.

⑥ Yan, M., Zhou, W., Shu, H., Yusupu, R., Miao, D., Krügel, A., Kliegl, R. [J]Eye movements guided by morphological structure: Evidence from the Uighur language. Cognition, 2014, 132, 181–215.

⑦ Wei, W., Li, X., & Pollatsek, A. [J].Word properties of a fixated region affect outgoing saccade length in Chinese reading. Vision Research, 2013, 80, 1–6.

⑧ McDonald, S. A., Carpenter, R. H. S., & Shillcock, R. C. [J].An anatomically constrained, stochastic model of eye movement control in reading. Psychological Review, 2005, 112, 814–840.

theories），主张认知加工过程会影响阅读中的眼跳[1][2]，比如词频效应，对高频词的注视时间要比低频词更短，并且跳读率也相对更高。

因此，为了研究认知加工是否会影响阅读中的眼动行为，研究者们对比了正常阅读与比较少涉及认知加工过程的阅读。较少涉及认知加工的阅读一种是在文本阅读中进行目标搜索任务，被试不需要加工句子的意思，只用搜索特定的目标字就可以，研究结果表明，在文本中搜索目标词任务中[3][4]，之前在正常阅读中发现的词频效应消失了，从而支持了认知加工过程会影响阅读中的眼跳。另外一种减少认知加工过程的阅读是 Z 字母串。Vitu 等人（1995 年）的研究中，比较了正常阅读，比如 "Several nocturnal animals were observed."，Z 字母串阅读把正常阅读的句子改成 "Zzzzzzz zzzzzzzzz zzzzzzz zzzz zzzzzzzz."，但由于只读 Z 字母串阅读中被试并没有具体的任务，因此他们又加了另外两组，正常文本下的目标搜索组，与 Z 字母串下的目标搜索组，对比四种条件下的眼动模式，结果发现，眼跳长度、注视时间、跳读率、登陆位置、再注视的可能性、再注视的位置均非常相似，这一结果表明，当没有语言学信息的时候，也能产生阅读文字时的眼动模式。

另外一种经常用到的不含语言学信息的模型是 Landolt-Cs，Landolt-C 是一个有缺口的圆环，通过操纵缺口在大小与位置来模仿字母文字，搜索目标往往是没有缺口的圆环。在 Williams & Pollatsek（2007 年）的研究中[5]把相同开口大小相同的作为一个串，但相邻的串开口大小不同，如图 4-1 所示，比较了在由 8 个 landolt-Cs 串组成的句子与单个 landolt-Cs 串的阅读加工情况有何不同。结果发现，发生在非目标串上的注视时间与串的开口大小相关，但与相邻串无关，并且两种情况下的开口大小对注视时间的影响也基本相同。Vanyukov 等人（2012

---

[1] Just, M. A., & Carpenter, P. A. [J].A theory of reading: From eye fixations to comprehension. Psychological Review, 1980, 87, 329–354.

[2] Reichle, E. D., Pollatsek, A., Fisher, D. L., & Rayner, K. [J].Toward a model of eye movement control in reading. Psychological Review, 1998, 105, 125–157.

[3] Rayner, K., & Fischer, M. H. [J].Mindless reading revisited: Eye movements during reading and scanning are different. Perception and Psychophysics, 1996, 58（5），734–747.

[4] Rayner, K., & Raney, G. E. [J]. Eye movement control in reading and visual search: Effects of word frequency. Psychonomic Bulletin & Review, 1996, 3, 245–248.

[5] Williams, C. C., & Pollatsek, A. [J].Searching for an O in an array of Cs: Eye movements track moment-to-moment processing in visual search. Perception and Psychophysics, 2007, 69, 372–381.

OOCO CCCO CCOO OOCO OOCO CCOO OOCO OOCO

图 4-1　Landolt-Cs 示列

（图片来源：Williams, C. C., & Pollatsek, A.（2007）. Searching for an O in an array of Cs: Eye movements track moment-to-moment processing in visual search. Perception and Psychophysics, 69, 372-381.）

年）的研究也采取了这一范式 [①]，他们操纵了除了目标词以外的其他 Landolt-C 串的重复出现次数，被试依旧进行目标搜索任务，他们在这种不含语义信息的目标搜索任务中发现了词频效应，支持了认知加工影响眼动这一理论。

　　这些不含语义信息的阅读，可以用来考察在很少有语言信息的加工或者完全没有语言信息的影响下，眼动是怎样进行的。然而更多的研究是关注在对注视时间的比较上，很少关注眼跳长度等目标选择的过程，并且，并没有相关针对中文的研究，鉴于中文在构成上与字母文字存在明显的不同，有必要通过这种不含语义的阅读来从侧面考察中文认知加工过程对阅读的影响。

① Vanyukov, P. M., Warren, T., Wheeler, M. E., & Reichle, E. D. [J].The emergence of frequency effects in eye movements. Cognition, 2012, 123, 185-189.

第 5 章

中文阅读中的目标选择

本章节会详细介绍关于中文中阅读目标的选择问题的相关研究。包括类中文阅读下的眼动模式，低层次的视觉信息，比如词的复杂度对于阅读中目标选择的影响，以及高层次的语言学信息，比如词频以及词的预测性等对于目标选择的影响。每部分的内容均包括详细的实验过程、数据采集及分析以及结论部分。

5.1 类中文阅读下的眼动模式

从现有的规律中对信息加工无疑可减少加工的难度，对于阅读来说，同样也会有一些规律在。比如，对低频词的加工难度更大，往往需要更长的时间进行加工，对低频词的注视时间要比高频词长；当注视词的中间的时候，可以更快地获取整个词的信息，在有词间空格的文字中，人们会利用词与词之间的空格尽可能地把眼睛移动到词的中间位置。然而，这些规律是否也适用于其他不同的语言体系，尤其是与字母文字存在很多不同的中文。

本研究主要用 Linear Mixed Effects Model 与 Survival Analysis 对数据进行分析。在线性模型（linear model）中，方程左边是我们想要观察的变量，右边是一个或者很多个可能会对它产生作用的变量（fixed effects）以及 error 项 " ε "，error 项是由于很多实验无法控制的或者我们不知道的因素造成的，是一个普遍的 error。而对于 linear mixed effects model 也就是混合线性模型，我们可以把可能会产生影响的变量放入 random effects 项，也就是说，方程的左边是我们想要观察的变量，方程的右边是一个或几个可能对该变量产生影响的固定因素（fixed effects）和随机变量（random effects）与 error 项 " ε "。比如，在阅读过程中每个被试的阅读是存在差异的，有些人可能加工得更快而有些人可能加工得更慢，因此把被试作为随机变量处理可以消除由个体差异的不同而带来的对实验结果的影响。另外一个经常作为 random effects 处理的变量是条目（item），这是因为在实验中不同的条目间往往也会造成差异，因此在分析时，条目这一因素也可以放到随机变量中以控制它的影响。我们在接下来的模型分析中均会把个体差异与词条目本身作为随机变量处理，而把我们操纵的变量如词频、预测性等作为固定变量。

生存分析（survival analysis）是分析整体分布的一种方法。语言研究中很多结果是从均值分析中得到的，经过平均后，变量的效果往往会变小，这也是为什么很多时候，分析结果中我们看得到显著性，但是系数的值却非常小 [1][2]，以至于这么小的系数会让结果变得不太可信。而对整体分布的分析可以让我们更加直观地看到变量的影响，如果对整体分布有影响的话，那么对均值的影响也就更加可信。生存分析方法常用于生态学与医学研究中，比如对于某群体，当受到外来物种入侵时，以固定的时间 t 为时间间隔，经过一段时间后，当时的存活个体数占总体的比例就是当时的存活率（survival rate），每隔 t 时间的存活率构成该群体的生存曲线 survival curve。那么，把它用于语言学研究我们该如何理解这种生存分析。比如对注视时间而言，每当间隔时间 t 后，有多少注视时间仍然大于这段时间，就是代表仍然存活下来的注视，这些存活下来的注视占总注视的比例就是存活率，把这些存活率连起来就可以得到注视时间的生存曲线。而实验操纵的变量比如词频等，就像是医学中的不同组施予不同的治疗手段，如果这种操纵产生作用的话，往往会导致两组间的生存曲线有所不同，而不同组间生存曲线最早发生变化的分歧点，就代表了这种操纵最早产生作用的点。因此，在语言研究中，通过这种方法我们也可以得出操纵的变量对阅读加工最早产生作用的点。国外已经有学者通过运用生存分析来对语言认知加工进行分析 [3]~[6]，但是中文中目前并没有相关的研究，因此有必要通过这种方法来考察下中文中的各种信息如何对加工以及眼跳产生影响的并且最早是在什么时候产生影响的。

正如前文提到的，在字母文字中，为了研究认知过程对眼动的影响而考察了在阅读没有语言学信息的字符串中（比如 Landolt-Cs）是如何来进行眼跳的。这些研究表明，当被试在阅读这种不含语义信息的字符串时，往往会把字符串当成

[1] Rayner, K., Ashby, J., Pollatsek, A., & Reichle, E. D. [J].The effects of word frequency and predictability on eye fixations in reading: Implications for the E-Z Reader model. Journal of Experimental Psychology: Human Perception and Performance, 2004, 30, 720-732.

[2] Wei, W., Li, X., & Pollatsek, A. [J].Word properties of a fixated region affect outgoing saccade length in Chinese reading. Vision Research, 2013, 80, 1-6.

[3] Reingold, E. M., Reichle, E. D., Glaholt, M. G., & Sheridan, H. [J].Direct lexical control of eye movements in reading: Evidence from survival analysis of fixation durations. Cognitive Psychology, 2012, 65, 177-206.

[4] Sheridan, H., & Reingold, E. M. [J].The time course of predictability effects in reading: Evidence from a survival analysis of fixation durations. Visual Cognition, 2012, 20, 733-745.

[5] Staub, A. [J]The effect of lexical predictability on distributions of eye fixation durations. Psychonomic Bulletin and Review, 2011, 18, 371-376.

[6] White, S. J., & Staub, A. [J].The distribution of fixation durations during reading: Effects of stimulus quality. Journal of Experimental Psychology: Human Perception & Performance, 2012, 38, 603-617.

语言中的词来对待，出现很多语言学中的规律。比如，对于加工难度较大的串开口较小时，会花费更长的时间对其进行加工。然而，并没有相关的研究通过这种不含语言信息的字符串来模仿中文阅读，从而探讨在中文中的眼动过程。

因此，本实验借鉴 Landolt-Cs 的实验设计，结合中文中汉字的形态特征与组合方式，通过 Landolt-Square 一个有缺口的方块来模仿中文的阅读。通过操纵 Landolt-Square 的个数与开口大小，来模仿中文中的词长与加工难度。我们认为被试在阅读这种类似中文的词语时同样也会出现像中文阅读时出现的一些阅读特征，比如，对于较难加工的词会需要更多的加工时间，并且眼跳过程也会有类似中文中的结果。而对于注视位置，我们会分析单一注视下的注视位置，多次注视时首注视位置与总注视位置，与之前的研究进行对比，探讨在这种不含语义信息的目标搜索任务中的眼动模式。

被试：共有 20 名中山大学的 12 名男性学生，平均年龄 22.4 岁。实验前均签署知情同意书，实验完成后获得 15 元被试费。所有被试母语为中文，裸眼视力正常或矫正视力正常，并且对实验目的一无所知。

实验仪器设备实验通过 SR-Research Eyelink1000 眼动仪（Kanata，ON，Canada）进行眼动数据的采集，它的空间分辨率为 0.01°，实验用的采样率为 1000Hz，通过 Experiment Builder 编写眼动程序。用于呈现实验刺激的屏幕为 23 寸的 LCD 显示屏，型号为 Samsung SyncMaster 2233，分辨率为 1650px×1080px，屏幕刷新率为 120Hz。实验过程中通过下巴托支架来尽可能地减少被试的头动。

实验材料与设计：我们用有缺口的空心方块 Landolt-Square 来模仿汉字词，如图 5-1 所示。每个 Landolt-Square 的大小为 40px×40px，每条边的厚度为 4 像素，开口的大小分 2、4、6、8 像素，开口的位置处于 Landolt-Square 的上、下、左、右四条边上。根据开口大小跟位置的不同，我们共有 16 种不同的 Landolt-Square。再用这些 Landolt-Square 模仿中文中的单字词、双字词、三字词与四字词。单字词由单个 Landolt-Square 来模仿，双字词由 2 个开口位置相同，开口大小也相同的 Landolt-Square 来模仿，以此类推，三字词由 3 个开口位置、大小均相同的 Landolt-Square 组成，四字词由 4 个开口位置、大小均相同的 Landolt-Square 组成，因此我们分别有 16 种长度为 1、2、3、4 的 Landolt-Squares 串，这 64 种不同的串意味着模仿 64 种不同的词。此外，每相邻两个 Landolt-Square 的距离均为 6 像素。

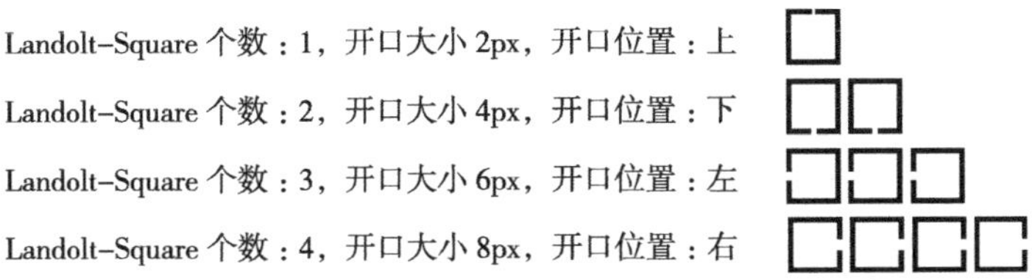

Landolt–Square 个数：1，开口大小 2px，开口位置：上　⊓

Landolt–Square 个数：2，开口大小 4px，开口位置：下　⊔⊔

Landolt–Square 个数：3，开口大小 6px，开口位置：左　□□□

Landolt–Square 个数：4，开口大小 8px，开口位置：右　□□□□

图 5-1　Landolt–Square 设计举例
（图片来源：作者绘制）

接下来，我们把这些 Landolt–Squares 串排列成行构成类似中文的句子，如图 5-2 所示。Landolt–Square 组成句子的规则是：相邻两个串的开口方向不同，开口大小与位置无限制，也就是说按照开口方向的不同来区分不同的串。我们把 64 种不同的 Landolt–Square 串每种重复 40 次，第 1 个句子中包含 10 个 Landolt–Squares 串，一共构成 256 个 trial。这些句子的长度为 16~33 个 Landolt–Square，平均长为 25。此外每个 trial 可能含有 0、1 或 2 个完整的目标方块，目标方块不会出现在句子的第一个跟最后一个位置，在其他的位置随机出现。被试的任务是找出句子中有几个没有缺口的方块。实验共有 4 个 block，每个 block 跟每个 trial 随机呈现给被试。

被试来到实验室后，会先提供给他们知情同意书，被试自愿参与实验，并清楚知道其可随时终止实验，所有的数据均用于研究，不会外泄。之后向他们介绍该实验是一个目标搜索实验，他们要从屏幕上呈现的材料中找出没有缺口的方块个数，按键 0、1、2 回答，并且要尽可能回答准确。实验过程中，被试坐在离显示器 63cm 的位置，下巴放在支架上，以减少头动。被试双眼看屏幕，但只有右眼的眼动数据被记录。每个 Block 开始前会进行 9 点的 Calibration 和 Validation，并且在实验过程中，如果有需要，该过程可随时进行。被试完成 8 个练习 trial 后开始正式实验，练习部分不纳入后续的分析。每个 trial 开始前会进行 drift 检查，成功后，呈现实验材料，当他们看完材料，注视屏幕右下角的位置，结束当前图形的呈现，接下来按键回答刚刚出现有完整方块的个数。为了提醒被试认真完成任务，一半的 trial 在被试回答完后会给予反馈。

图 5-2　实验中呈现给被试的材料举例
（图片来源：作者绘制）

实验结果

正确率：正确率均值为 91%，SD = 0.05。

眼动数据处理：发生在句子的第一个跟最后一个 Landolt–Square 串的数据不纳入分析，因为前者是句子突然出现，后者是句子结束。如果当前注视的 Landolt–Square 串包含有目标方块或者当前注视的前一个或者后一个串包含完整的目标方块也不纳入分析。最后我们保留了 63% 的数据。在这些数据中，删除每个被试眼跳长度处于他自己的均值 ±3SD 外的数据 3.05%。

为了探究在这种 Landolt–Square 下的眼动模式，我们分析的时候纳入了 word N+1 与 word N–1 的 Landolt–Square 串的属性。在注视位置的分析中，我们主要分析在第一遍注视下的注视位置数据：（1）首次注视的位置（first fixation location）；（2）单一注视时的注视位置（single fixation location）；（3）多次注视时的首次注视位置（first fixation location in multiple fixation）；（4）所有向后注视时的注视位置（forward fixation location）。此外，我们也分析了眼跳长度（saccade length）：（5）第一遍注视时，所有正向的眼跳长度（forward saccade length）。最后我们考查了在这种阅读下的注视时间；（6）首次注视时间（first fixation duration），发生在词上的第一次注视的时长；（7）凝视时间（gaze duration），第一遍阅读时所有注视时间的总和；（8）总时间（total viewing time），发生在该词上的所有注视时间的总和。

我们用 Linear Mix Effects Model 对数据进行分析。在模型的构建中，我们把被试、串作为随机变量，也就是当我们排除了这些变量的影响，看固定因子对以上这些变量的作用。当前 Landolt–Square 的开口大小、长度，以及前一个与后一个串的开口大小与长度为模型中的固定变量。通过 R 对数据进行分析，模型拟核用 lme4 packaege（ver. 1.1–7）[1][2]，对 p 值的估计通过 lmerTest package 获得（ver. 2.0–20）[3]。

注视位置：为了确定旁中央凹的词的切分是否会影响眼跳目标的选择，我们首先分析了在第一遍注视时的首注视位置，包括只注视了一次时的注视位置，多次注视时的首注视位置以及所有第一遍注视时的注视位置。我们所用的注视

① Bates, D., Maechler, M., Bolker, B., & Walker, S.（2014）. lme4: Linear mixed–effects models using Eigen and S4. URL http://lme4.r–forge.r–project.org/.

② Pinheiro, J.C., & Bates D.M. Mixed–effects Models in S and S–PLUS. Springer, New York, USA, 2000.

③ Kuznetsova, A., Brockhoff, P. B., & Christensen, R. H. B.（2013）. lmerTest: Tests for random and fixed effects for linear mixed effect models（lmer objects of lme4 package）. URL http://lmertest.r–forge.r–project.org/.

位置并不是当前注视位置离注视区域左边界的实际距离，而是把原始以像素为单位的长度转换成以 Landolt-Square 为单位，也就是用当前的注视位置离注视区域左边界的距离 px/46（px）单个 Landolt-Square 的长度与两边 3px 的空格，40px+2px×3px=46px 代表当前注视位置。在计算注视位置的分布时，我们把 Landolt-Square 分成前后两部分，首先分析了 Landolt-Square 串的属性长度，开口大小对注视位置的分布的影响，结果如图 5-3（aceg）所示；接下来，我们想看下随着实验的进行，是否会有学习效应的存在，也就是不同 block 间的注视位置是否有差异，因此，我们分析了不同长度的 Landolt-Square 串在不同 Block 下的注视位置的分布，结果如图 5-3（bdfh）所示。

从图 5-3 中，我们可以看出，对于注视中的首次注视的位置分布图 5-3 ab 以及多次注视时的首次注视图 5-3 cd 分布，注视更多地集中在开头位置；对于只注视了一次的串的注视位置图 5-3 ef，更多集中在中间部位；但是，如果分析第一遍所有正向的注视位置图 5-3 gh，无论长度是多少，均出现了均匀的注视位置分布，结果检验如表 5-1 所示。因此，对于由 Landolt-Squares 串组成的句子，注视位置的分布结果与中文阅读中注视位置的分布结果一致 [1][2]。

不同 Landolt-Square 串长度下的正向注视位置分布的均一性卡方检验　表 5-1

长度	X^2	df	p
1	0.08	1	0.778
2	1.19	3	0.755
3	0.92	5	0.969
4	1.74	7	0.973

（注：空假设是注视位置是均一的，各部分的注视比例无差异）

接下来，我们用 LMM 分析所有向前的注视位置，并且考察注视串 word n 的属性以及前 word n-1 后（word n+1）两个串的属性对当前注视位置的影响。结果如表 5-2 所示。从表 5-2 中可看出，注视位置随着 word n 长度的增加而显著向后移，但是并不受 word n 开口大小的影响。此外，注视位置也不受相邻词以及 trial 的影响，再次表明了之前得到的注视位置分布的均一性是可靠的，在该实验

① Li X., Liu P., Rayner K. [J].Eye movement guidance in Chinese reading: is there a preferred viewing location? Vision Resarch, 2011，51，1146–1156.

② Yan M, Kliegl R, Richter EM, Nuthmann A, Shu H. [J].Flexible saccade-target selection in Chinese reading. Quarterly Journal of Experimental Psychology, 2010，63，705–725.

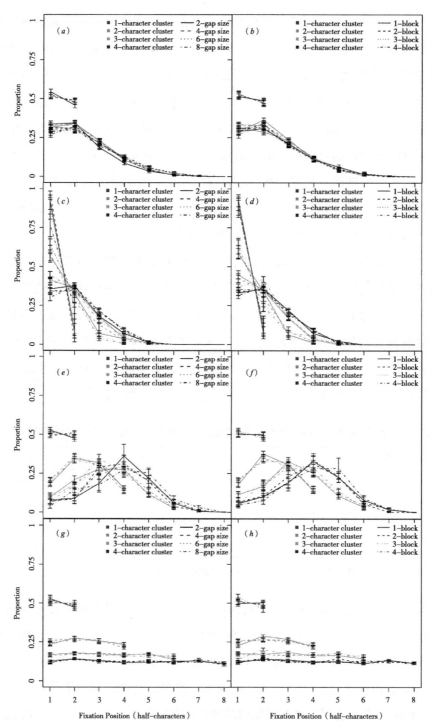

图 5-3　注视位置分布

ab 为当注视次数不少于 1 次时的首注视位置，cd 为当注视次数不少于 2 次时的首次注视的位置分布，
ef 为在单一注视的情况下的注视位置分布，gh 为所有发生在目标词上的注视位置的分布，
Error Bar 为均值的标准误
（图片来源：作者绘制）

中，并不存在注视位置偏好。对于首次注视位置跟多次注视时的首注视位置更多分布在开头以及单一注视时更多注视词的中间，与前人的结果一致，似乎说明存在注视位置偏好，但由于这些数据只是抽取了所有向后注视位置中的一部分，因此得到的分布并不能代表注视位置偏好，在接下来的讨论中我们会更加详细地进行解释。

通过 LMM 分析所有向前的注视位置　　　　表 5-2

	模型				预测值	
	b	SE	t	p	Min	Max
Intercept	0.01	0.07	0.13	0.894	—	—
Word N−1						
Length	−0.01	0.01	−1.20	0.232	2.48	2.45
Gap size Word N	−0.001	0.01	−0.15	0.878	2.47	2.46
Length	0.99	0.01	97.27	<.001	0.99	3.95
Gap size Word N+1	0.01	0.01	1.01	0.315	2.45	2.48
Length	0.01	0.01	0.92	0.358	2.45	2.48
Gap size	−0.01	0.01	−1.24	0.214	2.48	2.45
Practice	0.0001	0.0001	0.40	0.689	2.46	2.47

（注：对于 Length 来说，Min 代表 Landolt-Square 串长度为 1 的时候，Max 代表长度为 4 的时候；对于 Gap size 来说，Min 代表开口大小为 2px，Max 代表开口大小为 8px；对于 Practice 来说，Min 代表第一个 trial，Max 代表第 256 个 trial。当预测某个固定因子在最大值跟最小值的注视位置时，其他因子的值取均值）

眼跳长度：对注视位置的分布中，我们发现注视的 Landolt-Square 串以及它前后相邻的串的属性似乎并不影响注视位置，但是这些属性是否会影响眼跳长度。我们用 LMM 模型分析了所有正向的眼跳长度，word n、word n+1 以及 word n−1 的长度、开口大小，练习次数也就是 trial 数作为固定变量，被试、条目、开口方向作为随机变量。这里所用的眼跳长度，是把原始的以像素为单位的眼跳长度换算成以 Landolt-Square 个数为单位的长度。结果如表 5-3 所示。我们发现，正向的眼跳长度随着 word n−1、word n 以及 word n+1 的长度的增加而增加，随着 word n−1、word n 以及 word n+1 的 Landolt-Square 串的开口大小的增加而增加。这个结果与前人的研究在中文阅读中，眼跳长度随着注视词长的增长而增长，

通过 LMM 分析正向的眼跳长度。　　　　　表 5-3

	模型				预测值	
	b	*SE*	*t*	*p*	Min	Max
Intercept	2.88	0.19	15.28	<.001	—	—
Word N−1						
Length	0.01	0.01	2.43	0.015	3.40	3.44
Gap size	0.01	0.003	1.72	0.085	3.40	3.43
Word N						
Length	0.10	0.01	9.88	< 0.001	3.27	3.56
Gap size	0.01	0.01	2.23	0.037	3.38	3.46
Word N+1						
Length	0.04	0.01	5.05	< 0.001	3.36	3.48
Gap size	0.02	0.003	5.58	<0.001	3.37	3.47
Practice	0.0001	0.0004	0.16	0.877	3.42	3.44

（注：对于 Length 来说，Min 代表 Landolt-Square 串长度为 1 的时候，Max 代表长度为 4 的时候；对于 Gap size 来说，Min 代表开口大小为 2px，Max 代表开口大小为 8px；对于 Practice 来说，Min 代表第一个 trial，Max 代表第 256 个 trial。当预测某个固定因子在最大值跟最小值时的眼跳长度时，其他因子的值取均值）

并且也会随着 word N+1 长度的增长而变长的结果相一致 [1][2]。

注视时间：通过之前的分析，我们发现注视的 Landolt-Square 串以及它相邻的串的属性不会影响注视位置，但会影响眼跳长度，这表明串的属性对实时的加工过程有影响。因此，有必要分析下串的属性对加工时间的影响。正如之前分析的那样，我们把 word n−1、word n、word n+1 的开口大小，长度以及 trial 数作为固定变量，把被试、条目、开口方向作为随机变量，通过 LMM 分析首注视时间（FFD），凝视时间（GD）以及总注视时间（TVT），结果如表 5-4 所示。首先，首注视时间 FFD 会随着当前注视的 Landolt-Square 串的长度的增加而减少，开口大小的增加而减少，但并不受相邻串的属性的影响；其次，凝视时间 GD 也会随着当前注视的串的长度的增加而增加，开口大小的增加而减少，但是会随着相邻串的长度的增加而减少；最后，总注视时间 TVT 与凝视时间类似，随着当

① Li, X., Bicknell, K., Liu, P., Wei, W., & Rayner, K. [J].Reading is fundamentally similar across disparate writing systems: A systematic characterization of how words and characters influence eye movements in Chinese reading. Journal of Experimental Psychology: General，2014，143，895–913.

② Liu, Y., Reichle, E. D., & Li, X. [J].The Effect of Word Frequency and Parafoveal Preview on Saccade Length During the Reading of Chinese. Journal of Experimental Psychology: Human Perception and Performance. Advance online publication，2016. http://dx.doi.org/10.1037/ xhp0000190.

前注视的串的长度的增加而增加，开口大小的增加而减少，随着相邻两个串的
长度的增加而减少。

通过 LMM 分析注视时间 FFD，GD，TVT　　　　　　　　　表 5-4

	模型				预测值	
	b	*SE*	*t*	*p*	Min	Max
FFD（ms）						
Intercept	319.70	10.80	29.61	<.001	−	−
Word N−1						
Length	0.63	0.49	1.28	0.200	310	312
Gap size	−0.07	0.34	−0.20	0.847	312	311
Word N						
Length	−1.35	0.67	−2.01	0.051	313	309
Gap size	−1.16	0.33	−3.50	0.002	315	308
Word N+1						
Length	1.46	0.93	1.57	0.131	309	313
Gap size	−0.07	0.32	−0.23	0.819	312	311
Practice	−0.03	0.02	−1.64	0.117	315	308
GD（ms）						
Intercept	246.30	28.39	8.68	<.001	−	−
Word N−1						
Length	−4.03	1.21	−3.34	<.001	529	517
Gap size	−1.39	1.02	−1.37	0.187	527	519
Word N						
Length	135.70	10.91	12.44	<.001	322	730
Gap size	−9.75	0.72	−13.47	<.001	552	494
Word N+1						
Length	−6.84	1.53	−4.46	<.001	533	513
Gap size	0.55	0.60	0.92	0.357	522	525
Practice	0.04	0.07	0.59	0.560	517	528
TVT（ms）						
Intercept	306.80	31.93	9.61	<.001	−	−
Word N−1						
Length	−5.06	1.41	−3.59	<.001	595	580
Gap size	−1.66	1.11	−1.49	0.151	592	582
Word N						

续表

	模型				预测值	
	b	*SE*	*t*	*p*	Min	Max
Length	158.70	3.66	43.37	<.001	349	852
Gap size	−13.16	0.85	−15.44	<.001	627	548
Word N+1						
Length	−6.53	1.41	−4.62	<.001	597	578
Gap size	−0.42	−.70	−0.60	0.548	589	586
Practice	−0.08	0.08	1.00	0.328	598	576

（注：FFD 代表首次注视时间（first fixation duration），GD 代表凝视时间（gaze duration），TVT 代表总的注视时间（total viewing time）。对于 Length 来说，Min 代表 Landolt-Square 串长度为 1 的时候，Max 代表长度为 4 的时候；对于 Gap size 来说，Min 代表开口大小为 2px，Max 代表开口大小为 8px；对于 Practice 来说，Min 代表第一个 trial，Max 代表第 256 个 trial。当预测某个固定因子在最大值跟最小值时的注视时间时，其他因子的值取均值）

讨论：本实验通过对类似中文视觉搜索任务的眼动数据分析，考查这种类中文的词的属性是否会影响眼动行为。如果会影响的话，具体又是如何来影响的，通过这种范式以便来更好地了解真实阅读中的眼动行为。从结果中我们看到，在阅读不含语言学信息的字符串时出现了与中文阅读相一致的结果：当分析首注视的位置时，注视位置的分布更多集中在词的开头；当分析单一注视下的注视位置分布时，更多集中在词的中央[①]。但是，当我们分析所有正向的注视位置时，这种注视位置偏好的效应就消失了，人们注视词的各个部分的比例并无差异，注视位置的分布呈现一种均一的状态，并且注视位置不受相邻 Landolt-Squares 串的长度、开口大小以及练习次数的影响。

当我们分析所有正向的注视位置时，无论串的长度、开口大小与练习的进行，均出现了这种均一的分布明确表明在这 Landolt-Squares 的阅读中并不存在注视位置偏好，因为如果真的存在注视位置偏好的话，应该会出现一种峰值集中在串的某一个会利于加工位置的正态分布。Yan 等人在对中文研究中认为注视位置偏好是由于通过旁中央凹对词切分成功与否造成的[②]，但是，很有可能只是由于当注视词中央的时候，对词的加工更加有效率且很少进行再注视，而当首注视处于词的开头的时候，需要再注视来加工完整个词。Li 等人对中文中的眼动进

① Li X., Liu P., Rayner K. [J].Eye movement guidance in Chinese reading: is there a preferred viewing location? Vision Resarch, 2011, 51, 1146-1156.

② Yan M, Kliegl R, Richter EM, Nuthmann A, Shu H. [J].Flexible saccade-target selection in Chinese reading. Quarterly Journal of Experimental Psychology, 2010, 63, 705-725.

行了模拟，结果表明当没有特定的眼跳目标时，也会出现单一注视集中在中间，首注视集中在开头的注视位置分布，对 Yan 等人提出的旁中央凹词切分导致注视位置分布的结论提出了质疑①。而我们实验中得到的结果，支持了 Li 等人的结果，即使是在这种类中文的模式中也是没有注视位置的偏好。

既然没有注视的位置偏好，那么阅读 Landolt-Squars 串的眼跳是受什么影响的。对眼跳长度的分析表明，串的长度、开口大小，这些低水平的视觉信息会影响眼跳的进行，当串越长，开口越大，眼跳就会越长。也就是说，在这种 Landolt-Squares 构成的句子中，眼睛看向哪里更多是会通过调节眼跳长度来进行。

对注视时间分析的结果与之前关于中文中注视词的属性与它相邻词的属性会影响注视时间的结果相一致。例如，一些研究表明，在中文阅读中，注视时间会随着当前词②以及它前一个词的加工难度的降低而降低。Li 等人的结果表明凝视时间倾向于随着当前注视词长度的增加而增加，随着前一个词长的增加而减少，我们当前的结果与这一结果也是一致的。结合串的长度与加工难度也会对注视时间以及眼跳长度产生影响，表明这些变量会动态影响加工进程，从而也扩展了 Liu 等人的理论假设。

前人关于模式阅读的研究中出现了很多阅读加工过程与真正阅读相一致的结果，从某种程度上告诉我们对这种不含语言信息的字符的阅读是可以从中反映出真正阅读的一些特征的。因此，我们从该实验中得到的关于注视位置的结果也可以在某种程度上反映真实的中文阅读中很可能也是没有注视位置偏好的。

但由于本研究毕竟不是真正的阅读，因此在接下来的研究中，我们会通过分析正常阅读中的眼动模式，来探讨我们在正常中文阅读过程中的眼动是如何进行的。

5.2　词频与词复杂度对目标选择的影响

在阅读过程中，低级的视觉信息与高级的语义信息均会影响眼动模式，大量研究表明我们在加工高频词的时候，注视时间更短，加工更快。研究表明，

---

① Li X., Liu P., Rayner K. [J].Eye movement guidance in Chinese reading: is there a preferred viewing location? Vision Resarch, 2011, 51, 1146–1156.

② Yan, G., Tian, H., Bai, X., & Rayner, K. [J].The effect of word and character frequency on the eye movements of Chinese readers. British Journal of Psychology, 2006, 97, 259–268.

随着词长的增加，注视时间会越来越长，并且词越短，注视次数越少，加工时间也越少。但是中文中词的复杂度是如何来影响对词语的加工的？中文并没有像英文那样有明显的词间空格，用于标明词的边界。在这一部分，我们通过操纵词汇信息——词频与词的复杂度（笔划数）来研究二者对眼跳的影响。

Liversedge 等人通过操纵词频与词的笔划数来看注视时间，跳读率是如何变化的[①]。但是他们的实验材料只是把目标词前的部分保持一致，目标词后的句子内容并不相同。此外，他们把跳读率以及注视位置作为眼跳目标选择的指标，并没有分析眼跳长度是如何变化的，但从我们之前的研究表明，这些词的属性特征，对于眼跳长度来说，可能有更加重要的作用。因此我们在这里通过操纵词频与词的复杂度，来看低级的视觉信息与高层次的词汇信息是如何影响眼跳长度的，在正常的阅读下，我们之前的研究结果能否得到证实。

被试：共 28 名中山大学的学生参加了该实验，其中有 9 名男性，平均年龄23.07。实验前均签署了知情同意书，实验完成后，每人获得 10 元报酬。所有的被试视力正常或者矫正视力正常，并且实验前对实验目的一无所知。

实验仪器设备：实验通过 Experiment Builder 编写眼动程序，并呈现在 23 寸的 LCD 显示屏型号：Samsung SyncMaster 2233 上。通过 SR-Research Eyelink1000眼动仪（Kanata，ON，Canada）进行眼动数据的采集，它的空间分辨率为 0.01°，实验用的采样率为 1000Hz。屏幕分辨率为 1650px × 1080px，屏幕刷新率为 60Hz。

实验材料与设计：本实验是个 2（频率：高频，低频）× 2（复杂度：高复杂度，低复杂度）的被试内实验。我们用字的笔划数代表字的复杂程度，高复杂度组笔划数在 11~16，低复杂度笔划数在 3~8，高复杂度组与低复杂度组差异显著（F>151，p<.001）；高频组的频率在 100~1000per million，低频率组的频率在 0.2~20per million，高频组与低频组频率差异显著（F>151，p<.001）。实验中所用的词为单字词。为了考察目标词的词频与复杂度对阅读产生的影响，我们严格控制了目标词的前后内容使其在不同条件下完全一致，只有目标字不同。本实验共有 80 个句子框架，每个句子框架下，均可填入一个高频低复杂度（HF-LC）、高频高复杂度（HF-HC）、低频低复杂度（LF-LC）、低频高复杂度（LF-HC）

---

① Simon P. Liversedge, Chuanli Zang, Manman Zhang, Xuejun Bai, Guoli Yan & Denis Drieghe [J] The effect of visual complexity and word frequency on eye movements during Chinese reading, Visual Cognition, 2014, 22: 3–4, 441–457.

的词，也就是说每种条件下均有 80 个目标词。被试在实验过程中，均会阅读 80
个句子，每种条件各 20 个，句子随机呈现给被试。此外，一半的句子在阅读完
成后被试需要回答相关的问题，问题是 A/B 选项，被试按手柄上的键进行回答
即可。5 个人对词语的预测性进行评价，提供给他们目标词前面的句子内容，让
他们填写接下来最可能出现的内容，四组目标词的预测性均为 0。另外有 20 个人，
对句子的通顺性进行评价，通过 5 点量表进行，1 代表非常不通顺，5 代表非常
通顺，结果如表 5-5 所示，四组句子的通顺性无差异（F=0.128，p=0.72）。参与
句子预测性与通顺度评价的被试均不参与眼动实验。目标字不会出现在离句子
开头或结尾的 5 个字以内，句子包含 15~23 个汉字，平均长度为 18.34。

不同组间的材料统计　　　　　　　表 5-5

组别	词频 （per million）	复杂度 （笔划数）	句子 通顺性	句子 可预测性
低频低复杂度	9.41	6.80	4.20	0
低频高复杂度	9.39	12.57	4.14	0
高频低复杂度	296.01	6.67	4.25	0
高频高复杂度	288.91	12.41	4.13	0

实验流程：被试到达实验室后，会先提供给他们知情同意书，阅读完成并
签字后，向他们介绍实验内容。被试被告知本实验是一个阅读理解实验，实验
过程中他们需要认真阅读屏幕上呈现的句子，并尽可能正确地回答出现的问题。
实验过程中，他们坐在离屏幕 63cm 的位置，用支架支撑头部，尽可能减少头部
移动。实验开始后会先进行 9 点的 Calibration 和 Validation，对眼动进行校正。
在开始正式实验前会先进行练习部分，让被试们熟悉整个实验流程，练习部分
共有 8 个句子。接下来的正式实验共有 80 个 trial，每个被试阅读所有的 80 个句子，
句子随机呈现给被试。每个 trial 都会先进行 drift，成功后，呈现句子，句子的
呈现时间没有限制，被试阅读完成后需按下手柄上的键结束句子的阅读。有一
半的句子接下来会出现问题，被试按手柄上的键进行回答即可。整个实验过程中，
如果有需要可随时进行再次的眼动校正。

实验结果

行为结果：正确率均值为 93%，SD = 0.04。

数据处理：排除注视时间 < 80ms，> 1200ms 的注视，再根据每个被试的

注视时间分布，删除注视时间＜mean-3SD以及＞mean＋3SD的数据，最后总共保留88.84%的数据用于分析。

在这里，我们对注视时间、注视位置及眼跳长度等变量进行了分析，LMM模型构建通过lmer package，p值通过lmerTest获得。此外，我们对注视时间进行了生存分析，考查词频、词的复杂度最早产生作用的时间点。

注视时间：首先我们对注视时间进行了分析，把词频、词和复杂程度、起跳位置作为固定变量，把被试、词条目作为随机变量，构建模型，得到的结果如表5-6所示。

从表5-6中可以看出，首次注视时间、凝视时间、单一注视时间的变化规律一致，均是对高频词的注视时间更短，对复杂程度低的词的注视时间更短，起跳位置不会影响注视时间，但是总注视时间并不受词频、复杂程度、起跳位置的影响。

通过 LMM 分析注视时间　　　　　　　　　　　　表 5-6

	模型				预测值	
	b	SE	t	p	Low	High
FFD（ms）						
Intercept	239.268	8.506	28.129	<.001		
Frequency（LF）	16.813	4.996	3.365	<.001	243	226
Complexity（LC）	−11.397	4.991	−2.283	<.05	226	238
Launch site	0.660	2.339	0.282	0.778		
GD（ms）						
Intercept	249.415	9.583	26.024	<.001		
Frequency（LF）	11.826	5.711	2.071	<.05	246	234
Complexity（LC）	−13.562	5.705	−2.377	<.05	234	248
Launch site	0.848	2.659	0.319	0.750		
SFD（ms）						
Intercept	244.906	9.712	25.216	<.001		
Frequency（LF）	13.415	6.032	2.224	<.05	242	228
Complexity（LC）	−13.043	6.039	−2.160	<.05	228	241
Launch site	1.659	2.806	0.591	0.555		
TVT（ms）						
Intercept	337.278	25.660	13.144	<.001		

续表

	模型				预测值	
	b	*SE*	*t*	*p*	Low	High
Frequency（LF）	10.080	14.289	0.705	0.481	337	327
Complexity（LC）	−17.341	14.276	−1.215	0.225	327	344
Launch site	−3.321	6.6　33	−0.501	0.617		

（注：FFD 为首注视时间，GD 为凝视时间，SFD 为单一注视时间，TVT 为总注视时间。在计算频率的预测值时，复杂度为低复杂度组；在计算复杂度的预测值时，频率为高频率组。其他变量取均值）

接下来，我们通过生存分析，对注视时间的分布进行考查，是否词频与复杂度会对注视时间的整体分布产生影响，如果有影响的话，最早开始于什么时候。首先来看词频的影响，我们计算了每个人注视时间在 0~600ms，每隔 30ms 的注视时间的分布，再对其进行平均，得到图 5-4a 的首注视时间的分布，首注视时间的分布呈现一种右倾的正态分布，这种类型的正态分布可以通过 ex-Gaussian 来进行拟合。这里我们通过 R 软件包 retimes（version，0.1-2，Davide Massidda）来对注视时间进行拟合，通过最大似然法进行估计，得到分布的估计值，注视曲线密度分布如图 5-4c 所示，高频组与低频组的分布可以看出二者是有差别的。接下来，我们分别是计算每个人，从 0 开始，每隔时间间隔 t=1ms 的时候还有多少注视是长于该时间的，把每个被试在每个点的生存率进行平均，得到的生存曲线如图 5-4e 所示，从生存曲线中我们可以看出，高频生存曲线要比低频下降得更快，两条曲线出现了分歧。接下来我们用了 Bootstrap 的方法，对每个被试每种情况下的注视时间进行可替换重抽样，得到每个被试的生存曲线，再把所有被试的值进行平均，这一过程重复 10000 次。把高预测性的生存值从低预测性的生存值中减去，我们会得到在每增加 1ms 的情况下的生存比例的差值，如果二者差异显著的话，也就这个差值会显著大于 0，因此，我们对这些值取 95% 的置信区间，如果最小的值显著大于 0，那么这个点就是最早出现分歧的点，也是词频最早产生作用的时间点。在该实验中我们得到的分歧点是 140ms，也就是说预测性最早在 140ms 的时候已经开始影响阅读。同样的过程，我们对词的复杂度也进行了生存分析，得到了注视时间的比例分布图 5-4b，ex-Gaussian 拟合的密度分布图 5-4d，以及不同复杂度下的生存曲线和最早出现分歧的时间点图 5-4f。词的复杂度产生作用的最早时间为 138ms。

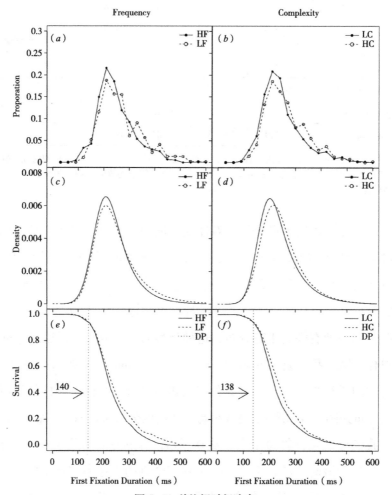

图5-4 首注视时间分布

左侧的图代表高频组与低频组的首注视时间分布，右侧的图代表高复杂度组与低复杂度组的注视分布。
ab 为注视时间分分布比例，*cd* 为注视时间的 ex-Gaussian 分布拟合后的注视密度分布，
ef 为首注视时间的生存曲线与分歧点
（图片来源：作者绘制）

注视位置：在这里我们把注视位置换算成以汉字为单位，也就是（当前注位置（px）- 词左边界位置（px））/ 词长 27（px），注视位置代表当前注视处于词的哪一部分。接下来我们把每个词分成 4 部分，分别统计每部分所占的比例，再把被试进行平均，得到的比例分布图如图 5-5 所示。

从图 5-5 中我们可以看出，在单一注视情况下图 5-5a，注视更多分布在词的中后部；在多次注视的情况下图 5-5b，首注视更多分布在词的开头；而当我们分析了所有正向的注视位置时图 5-5c，注视呈现出一种比较均匀地分布（HF-LC：$X2 = 1.455$, $df = 3$, $p = 0.693$；LF-LC：$X2 = 3.471$, $df = 3$, $p = 0.325$；HF-HC：

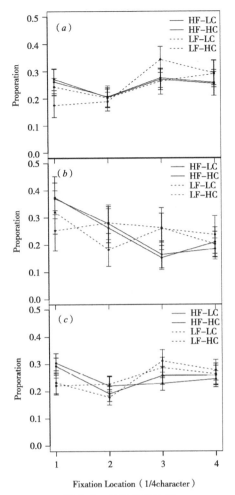

图 5-5　注视位置比例

HF 代表高频组，LF 代表低频组，HC 代表高复杂度组，LC 代表低复杂度组，a 为单一注视情况下的注视
位置，b 为多次注视情况下的首次注视位置，c 为发生的所有正向的注视位置，图中的 Error Bar
是注视位置比例均值的标准误

（图片来源：作者绘制）

X2 = 1.891，df = 3，p = 0.596；LF–HC: X2 = 0.927，df = 3，p = 0.819）。

接下来，我们通过 LMM 对注视位置进行统计分析，把词频、复杂度、起跳点作为固定变量，把被试与词条目作为随机变量，得到的结果如表 5–7 所示。从表 5–7 中我们可以看出，单一注视位置，多次注视时的首注视位置以及所有正向的注视位置在不同词频以及复杂度下并无差异，但受起跳位置的影响，起跳点离接下来要注视的目标词越近，注视位置就越向词的右端移。至于为什么这里并没有发现在多次注视时的首注视位置的差异，在接下来的讨论部分中会进行相应的说明。

注视位置分析　　　　　　　　　　表5-7

	模型				预测值	
	b	SE	t	p	Low	High
单一注视（字）						
Intercept	0.666	0.031	21.247	<.001		
Frequency（LF）	0.014	0.023	0.630	0.530	0.540	0.525
Complexity（LC）	0.029	0.023	1.272	0.205	0.525	0.497
Launch site	0.082	0.011	7.214	<.001		
多次注视（字）						
Intercept	0.622	0.047	13.304	<.001		
Frequency（LF）	0.046	0.036	1.290	0.199	0.486	0.440
Complexity（LC）	−0.017	0.036	−0.470	0.639	0.440	0.456
Launch site	0.080	0.016	4.883	<.001		
所有注视（字）						
Intercept	0.637	0.024	26.656	<.001		
Frequency（LF）	0.026	0.019	1.390	0.166	0.532	0.506
Complexity（LC）	0.015	0.019	0.792	0.429	0.506	0.491
Launch site	0.074	0.087	8.458	<.001		

（注：在计算频率的预测值时，复杂度为低复杂度组；在计算复杂度的预测值时，频率为高频率组。Launch site 取均值）

眼跳长度：在这一部分，我们分析词频与词的复杂度对眼跳长度是否有影响，我们考察了跳入目标词的眼跳与跳出目标词的眼跳长度。跳入目标词的眼跳是指第一遍注视目标词时的进入眼跳，跳出目标词的眼跳长度是指第一次离开目标词，把眼睛移到目标词后面部分的眼跳长度。与注视位置一样，我们把眼跳长度也转换成以字为单位，也就是眼跳原始长度 px/字长 27px。在这里的 LMM 分析中，我们加入了起跳位置与词频与复杂度的交互作用项，从表5-8 中可以看出，词频不会影响跳入与跳出的眼跳长度，但是词的复杂度会影响进入目标词的眼跳长度，进入低复杂度的眼跳长度会更长，并且复杂度与起跳位置交互作用也显著，表明越靠近目标词，复杂度的效应对眼跳长度的影响更大。这一结果与我们之前从 Landolt-Square 得到的结果相一致，开口大小也就是 Landolt-Square 的复杂程度会显著影响眼跳长度。对于跳出目标词的眼跳长度，词频与起跳位置的交互作用项 < .1 的边缘显著，也就是说当起跳位置越靠近目标词的右边，词频对接下来的眼跳长度的影响更大。

用 LMM 对眼跳长度进行分析　　表 5-8

	模型				预测值	
	b	SE	t	p	Low	High
进入眼跳长度（字）						
Intercept	0.613	0.045	13.574	<.001		
Frequency（LF）	−0.025	0.042	−0.595	0.5524	2.323	2.328
Complexity（LC）	0.085	0.042	2.020	0.0439	2.328	2.327
Launch site	−0.922	0.018	−51.263	< 2e−16		
Frequency*LS	−0.011	0.01987	−0.549	0.5831		
Complexity*LS	0.045	0.01992	2.273	0.0233		
跳出眼跳长度（字）						
Intercept	2.192	0.127	17.270	<.001		
Frequency（LF）	0.119	0.112	1.054	0.292	2.233	2.284
Complexity（LC）	0.015	0.112	0.133	0.894	2.284	2.236
Launch site	−0.085	0.165	−0.514	0.608		
Frequency*LS	0.331	0.194	1.708	0.088		
Complexity*LS	−0.065	0.192	−0.338	0.736		

（注：在计算频率的预测值时，复杂度为低复杂度组，Launch site 为均值；在计算复杂度的预测值时，频率为高频率组，Launch site 为均值）

跳读率：我们对词的跳读率也通过 LMM 进行了分析，结果如表 5-9 所示，从表中我们可看出，词频主效应边缘显著，复杂度主效就不显著，但是词频与复杂度的交互作用显著。高频词跳读率要高于低频词的跳读率，而且字复杂度对低频词的作用要比高频词大。

通过 LMM 分析跳读率　　表 5-9

	模型				预测值	
	b	SE	t	p	Low	High
Intercept	0.840	0.109	7.681	<.001		
Frequency（HF）	0.127	0.065	1.952	0.052	0.541	0.577
Complexity（LC）	0.098	0.065	1.516	0.131	0.541	0.549
Launch site	0.349	0.012	28.236	<.001		
Frequency（HF）*Complexity（LC）	−0.090	0.041	−2.199	<.05		

（注：在计算频率的预测值时，复杂度为低复杂度组；在计算复杂度的预测值时，频率为高频率组。其他变量取平均值）

　　讨论：在本实验中，我们操纵了词频与词的复杂度，词频是高层次的语义信息，而复杂性通过词的笔划数来表示，体现了低层次的视觉信息。在对加工时间的分析中，结果与前人的研究相一致，词频与复杂性均会影响注视时间，高频词的时间更短，复杂度低的词的加工时间也会更短。此外，我们通过分析注视时间的分布状况，发现不同条件下的注视分布不同，通过生存分析方法，我们找到了词频与复杂度对注视时间最早产生作用的点，分别是 140ms 与 138ms，这样看来似乎词的复杂度发生作用的时间更早，低层次的视觉信息对语言加工的作用更快。在注视时间的分析中，我们发现总注视时间并不受词频与复杂度的影响，这可能是由于目标词是单字词引起的，是单字词的跳读率过高导致的。

　　该实验中，单一注视的分布，多次注视时首注视的分布以及所有正向的注视分布的趋势与实验 1 保持一致，也更加支持中文阅读中并没有潜在的眼跳位置这一结论。但在注视位置分析中，我们并没有看到在多次注视情况下，首注视位置受词频或者复杂度的影响，这可能是由于我们所采用的材料是单字词引起的，毕竟对于单个字，定位在词首或者词尾都会比较容易获得词的信息。但是我们在分布上可以看出，多次注视时的首注视相对来说的确是更加偏向词首。在对眼跳长度的分析中，我们发现对于跳入目标词眼跳，复杂度的主效应显著，并且与起跳位置有交互作用，也就是说进入低复杂度的词的眼跳长度会更长，并且离目标词越近，复杂度的这种影响越大，但我们并没有发现词频会影响进入目标词的眼跳长度。而对于跳出目标词的眼跳长度，我们发现了词频与起跳位置的一个边缘显著的交互作用，也就是说，当起跳位置越靠近当前目标词的右侧，那么目标词的词频对接下来进行的眼跳长度的影响就会更大，眼跳长度会更长。这个结果告诉我们，高层次的词汇信息与低层次的视觉信息并不会影响注视的位置，但是会动态调节眼跳长度，并且二者影响的模式并不相同，高层次的词汇信息更多影响的是跳出的眼跳，而低层次的视觉信息更多影响的是进入目标的眼跳。

　　值得探讨的是，在跳读率上，我们发现了词频的主效应和词频与复杂度的交互作用，这与 Zang 等人（2014 年）的研究结果不同，他们只发现了主效应，并没有交互作用。而本实验中的交互作用是说对于词频对跳读率的影响在不同复杂度上有不同的表现，并且词频对高复杂度的词的影响更大，也就是说，对于高复杂度的词，该词的词频较低的情况下会更少的跳读，需要更多的加工。

这个结果与前人观察到的结果与 Yan 等人有点类似，他们分析了整个词的词频与词中的第一个汉字与第二汉字的字频对阅读的影响，他们发现，第一个汉字的频率较低的时候注视时间会更长，并且这个作用对于整个词频率较高的状况下是不显著的，而对整个词的词频是低频的时候，第一个汉字的频率高低会显著影响注视时间，首字是低频的时候要比首字是高频的时候需要更长的加工时间。虽然他们并没有对这个结果有过多的解释，但是综合我们当前的实验结果，可以看出当有多个变量会对眼动产生影响时，当一个因素导致阅读加工难度变大时，另一个因素的作用就会更大。对于低复杂度的词来说，由于已经好加工了，因此词频的高低与否并不会带来显著的差异，而对于高复杂度的词，由于视觉信息很难加工，因此词汇信息是否容易加工反而会产生显著的作用。

5.3　词预测性对目标选择的影响

通过前两个部分的研究，可以看到，在阅读不含语言信息的 Landolt-Square 串时，以及在阅读词频与复杂度的单字词的时候，注视位置的分布均呈现一种均匀地分布，并没有潜在的注视偏好位置。那么高层次的语义信息是否会对注视位置产生影响。语言的另外一个非常重要的属性就是词的预测性，预测性完全是受语义的影响，高预测性意味着在加工完已经阅读的信息后，当眼睛还没有移动到接下来出现的词的位置时就已经知道即将要出现的内容是什么，我们无须对其进行过多的加工就能推断出接下来要出现的内容。需要特别强调的是，高预测性的词并不代表我们不需要对其进行加工，而是当我们的眼睛还没有注视到该词的时候，通过对之前语义、句义的加工就已经猜测到接下来要出现什么，因此高预测性的词的一个很明显的作用体现在跳读率上，预测性较高的词的跳读率会更高，并且注视时间也会更短。那么这种预测性，对眼跳是如何影响的。如果真的存在注视位置偏好，那么当我们已经知道接下来要出现什么内容的时候，肯定会把眼跳更多的放到最优位置，这是一种更有效的加工方式，而如果在中文中并不存在潜在注视位置的话，那么就会出现像前两个部分分析的那样，注视位置分布呈现一种比较均一的状态。

被试：共 20 人，其中男生 5 名，平均年龄 19.7，中山大学的学生参与了该实验，实验开始前均签署了知情同意书，完成实验后每人获得报酬 20 元，所有被试视力正常或矫正视力正常，实验前并不知道实验的真实目的。

实验仪器设备：实验通过 SR-Research Eyelink1000Plus 眼动仪（Kanata，ON，Canada）进行眼动数据的采集，它的空间分辨率为 0.01°，实验用的采样率为 1000Hz。通过 Experiment Builder 编写眼动程序。用于呈现实验刺激的屏幕为 23 寸的 Hp Prodesk 480G2MT 显示屏，分辨率为 1280px × 720px，屏幕刷新率为 120Hz。被试坐在显示器的正前方 58cm 的位置，通过塔式支架固定额头与下巴，减少头动。

实验材料与设计：本实验主要用来考察词的预测性是如何影响眼跳长度的，因此，我们把高预测性的词与低预测性的词放到同一个句子框架中，除了目标词不同外，句子的其他总分内容保持不变。句子长度为 14~28，均值为 21。20 名被试参与了词语的预测性评价，只给他们呈现目标词出现之前的内容，让他们填写接下来最可能出现的内容，这 20 名被试并不参与之后的眼动实验，高预测性组的预测性不低于 0.7，低预测性组的词语的预测性不高于 0.1。另有 12 人对句子的通顺性进行评价，他们对句子的通顺性进行 5 点评分，1 代表非常不通顺，5 代表非常通顺，结果显示高预测性组跟低预测性组的句子通顺性无差异（Hp：4.22，Lp：4.22，p=1.00）。高预测性组词语与低预测性组词语在词频、字频、笔划数上均无显著性差异，如表 5–10 所示。

预测性字词的属性　　　　　　　　　　　　　　　　　表 5–10

组别	词频	第一个字笔划	第二个字笔划	总笔划	第一个字频率	第二个字频率
HP	71.30	7.39	7.57	14.96	1061.35	1022.49
LP	83.12	6.94	7.31	14.26	1329.71	1097.25

（注：HP 代表高预测组，LP 代表低预测组）

实验流程：被试到达实验室后，会先提供给他们知情同意书，告知他们参加实验是出于自愿，并且他们可随时终止实验，他们参加实验的所有信息仅供研究用。之后向被试介绍实验内容，告诉他们该实验是一个阅读理解实验，他们需要对针对句子的相关问题进行回答，并且要尽可能正确。每名被试要完成练习部分与正式实验部分。练习部分有 20 个句子，正式部分有 54 个句子，每部分都是有一半的句子是有问题的，另一半句子阅读完成后开始新的 trial。每个 trial 开始时被试要先注视屏幕中央的 drift，成功后，屏幕左侧会出现一个白色的方块，这个方块位于句子第一个汉字出现的位置，被试成功注视这个白色方块后，句子会自动呈现。句子的呈现时间没有限制，当被试阅读完该句子后，按下手柄上的键结束句子的阅读。之后有一半的句子会出现问题，所有问题均为 AB 选项，被试按手柄上的相应键进行回答。所有的句子都是随机呈现，在整个实验过程中，如有需要，眼动仪的校准可随时进行。

实验结果

行为结果：正确率均值为 92%，SD = 0.05。

数据处理：首先我们对数据进行了处理，删除注视时间 < 80ms，> 1200ms 的注视，再对每个人的注视时长进行分析，删除注视时间低于 mean−3SD，高于 mean + 3SD 的注视，最后总共删除了 5.59% 的数据。

与之前的分析一样，我们对注视时间、注视位置及眼跳长度等变量进行了分析，LMM 模型构建通过 lmer package，p 值通过 lmerTest 获得。同样也对注视时间进行了生存分析，寻找预测性最早产生作用的分歧点。

注视时间：用 Linear Mix Effects Model 对数据进行分析，被试与词个体作为随机变量，预测性与起跳位置作为固定变量，考察预测性对注视时间的影响。结果如表 5−11 所示。

从表 5−11 中可看出，词的预测性会显著影响注视时间，高预测性词的首注视时间、凝视时间、总注视时间相比低预测性词要更短。此外，起跳位置并不会影响首注视时间与凝视时间，但在总注视时间上作用显著。对于只注视一次的注视时间不受词的预测性和起跳位置的影响。对于注视次数来说，对预测性较高的词的注视次数也会更少。

通过 LMM 对注视时间进行分析   表 5−11

	模型				预测值	
	b	SE	t	p	HP	LP
首注视时间（ms）					224	234
Intercept	219.078	9.065	24.167	<.001		
Prediction（LP）	10.288	5.768	1.784	0.077		
Launch site	−2.021	2.071	−0.976	0.329		
凝视时间（ms）					230	247
Intercept	224.843	11.861	18.957	<.001		
Prediction（LP）	17.402	7.425	2.344	<.05		
Launch site	−1.983	2.638	−0.751	0.453		

续表

	模型				预测值	
	b	*SE*	*t*	*p*	HP	LP
总注视时间（ms）					352	387
Intercept	308.999	28.658	10.782	<.001		
Prediction（LP）	34.723	18.063	1.922	0.057		
Launce site	−17.737	5.697	−3.113	<.01		
单一注视时间（ms）					226	234
Intercept	218.080	11.310	19.283	<.001		
Prediction（LP）	8.097	8.584	0.943	0.348		
Launce site	−3.591	3.010	−1.193	0.234		
注视次数（次）					1.56	1.70
Intercept	1.433	0.095	15.153	<.001		
Prediction（LP）	0.143	0.0678	2.111	<.05		
Launch site	−0.053	0.021	−2.524	<.05		

（注：预测值是通过模型算出，HP 代表高预测性组，LP 为代预测性组，Launch Site 取均值）

既然词频会影响注视时间，那么这种影响最早出现在什么阶段。我们接下来对首注视数据进行了生存分析。首先，我们将每个被试的注视时间按照 30ms 的间隔进行统计，再把所有被试进行平均，得到注视时间比例分布图，如图 5-6a 所示。接下来我们用 ex-Gaussian 对注视时间进行拟合，得到图 5-6b，高、低预测性下的注视时间密度分布不同。接下来我们对每个被试，每种情况下的注视时间进行统计，对处于 0~600ms 的注视，从 0 开始，统计每增加 1ms 时还有多少注视大于该值。然后，所有被试在每个时间点上的生存率进行平均，得到生存曲线如图 5-6c 所示。从图 5-6c 中，我们可看到在高预测性与低预测性的情况下，生存曲线出现了分歧，这个分歧点具体是什么时间产生的。为了得到这个答案，像实验 2 中那样，我们通过 Bootstrap，对每个被试每种情况下的注视时间进行重抽样，得到每个被试的生存曲线，并把所有被试进行平均，这一过程重复 10000 次。把高预测性的生存值从低预测性的生存值中减去，我们会得到在每增加 1ms 的情况下的生存比例两种情况下的差值，再对这些值取 95% 的置信区间，如果最小的值显著 > 0 的话，也就这个点就是最早出现分歧的点。在该实验中我们得的分歧点是 164ms，也就是说预测性最早在 164ms 的时候已经开始影响阅读。

注视位置：像之前两个实验分析的那样，我们对高、低预测组下的注视位

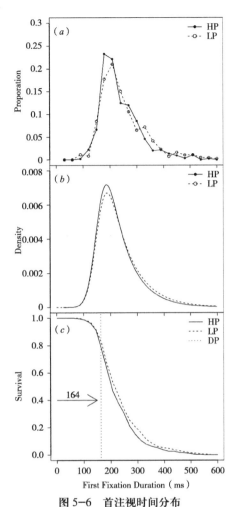

图 5-6　首注视时间分布
HP 代表高预测组，LP 代表低预测组，DP 代表分歧点；a 为首注视时间的比例分布，b 为首注视时间的
ex-Gaussian 分布密度图，c 为首注视时间的生存曲线以及分歧点
（图片来源：作者绘制）

置的分布也进行了考察，我们把每个字分成前后两部分，因此一个双字词共分成 4 部分，分别计算每个人的注视位置分布，再进行平均得到如图 5-7 所示的注视位置分布图。

从图 5-7 我们可看出，对于高预测性组，单一注视的位置、多次注视时的首注视的位置以及所有发生在高预测性组的词上的注视位置均呈现一种均匀的分布；对于低预测性组来说，在多次注视时的首注视位置更多分布于词首，而单一注视时相对有更多分布在词的中间部分，当分析所有落在低频词上的注视位置时，分布也更加趋于均匀（HP: X2 = 0.368，df = 3，p = 0.947；LP: X2 = 2.340，df = 3，p = 0.505 ）。

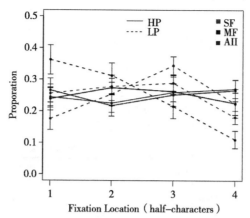

图 5-7　高频词与低频词的注视位置分布

HP 代表高预测组，LP 代表低预测组，SF 代表该词只注视了一次时的注视位置，MF 代表注视次数＞1 次时的首注视位置，All 代表所有第一遍正向落在目标词上的注视位置。

Error Bar 为均值的标准误

（图片来源：作者绘制）

接下来我们用 Linear Mix Effects Model 对注视位置进行了统计分析，被试与条目作为随机变量，组别与起跳位置作为固定变量，结果如表 5-12 所示。

通过 LMM 对注视位置进行分析结果　　　　　　　表 5-12

	模型				预测值	
	b	*SE*	*t*	*p*	HP	LP
单一注视（字）					0.90	0.92
Intercept	1.513	0.072	21.134	<.001		
Prediction（LP）	0.023	0.058	0.389	0.698		
Launch site	0.253	0.027	9.237	<.001		
多次注视（字）					0.94	0.77
Intercept	1.452	0.079	18.361	<.001		
Prediction（LP）	−0.162	0.060	−2.663	<.01		
Launch site	0.213	0.027	7.890	<.001		
所有注视（字）					1.04	0.97
Intercept	1.537	0.056	27.390	<.001		
Prediction（LP）	−0.072	0.043	−1.660	0.100		
Launch site	0.245	0.020	12.380	<.001		

（注：HP 代表高预测性，LP 代表低预测性，在预测值的计算中，其他变量取均值）

从表 5-12 中可以看出，在单一注视的情况下，注视位置受起跳位置的影响显著，起跳位置离目标词越近，注视位置越远，词的预测性并不影响单一注视时的注视位置；当对目标词的注视次数＞1的时候，首注视的位置受词的预测性影响显著，高预测性的词的首注视位置要比低预测性词的首注视位置更加靠后，并且起跳位置离目标词越近，之后的注视位置就会越靠右。而对于所有发生在目标词上的注视位置，词的预测性对其并无显著作用，注视位置受起跳点的影响显著。

眼跳长度：我们着重看跳入目标词的眼跳长度与跳出目标词的眼跳长度是否受预测性的影响。跳入目标词的眼跳即所有从目标词前的区域进入目标词的眼跳，而跳出目标词的眼跳是所有起始于目标词，止于目标词后的位置的眼跳。我们通过 LMM 对这两种眼跳长度进行了分析。模型中，我们把预测性与起跳位置作为固定变量，被试与条目作为随机变量，结果如表 5-13 所示。对于跳入目标词的眼跳长度，进入高预测性的目标词的眼跳长度要明显比进入低预测性的目标词的长度更长，并且起跳位置对进入目标词的眼跳长度也有影响，当起跳位置离目标词越近的时候，眼跳长度越长；对于跳出目标词的眼跳长度，跳出高预测性的词的眼跳长度要比跳出低预测性的更长，并且起跳位置的作用并不显著。

进入目标词与跳出目标词的眼跳长度的 LMM 分析结果　　　　表 5-13

	模型				预测值	
	b	SE	t	p	HP	LP
进入眼跳长度（字）					2.82	2.73
Intercept	1.382	0.056	24.474	<.001		
Prediction（LP）	−0.084	0.040	−2.128	<.05		
Launch site	−0.760	0.020	−37.942	<.001		
跳出眼跳长度（字）					3.24	3.03
Intercept	3.154	0.121	26.153	<.001		
Prediction（LP）	−0.208	0.073	−2.864	<.05		
Launch site	−0.083	0.061	−1.370	0.171		

（注：HP 为高预测性组，LP 为低预测性组，在预测值的计算中，其他变量取均值）

跳读率：我们用 LMM 方法分析了词预测性对跳读率的影响，结果如表 5-14 所示。在固定效应里我们加入了预测性与起跳位置的交互作用项，随机变量里我们加入了被试与词条目。结果表明，预测性主效就不显著，但是起跳点作用显著，并且起跳点与预测性的交互作用边缘显著，也就是说当起跳位置越靠近目标词，那么词频效应就越明显。

通过 LMM 对跳读率进行分析的结果　　　　　表 5-14

	模型				预测值	
	b	*SE*	*t*	*p*	LP	HP
Intercept	0.498	0.044	11.273	<.001		
Prediction（HP）	0.013	0.043	0.303	0.762	0.327	0.371
Launch site	0.063	0.011	5.558	<.001		
Prediction（HP）*LS	0.028	0.016	1.768	0.077		

（注：LP 代表代预测组，HP 代表高预测组，预测值通过模型算出，Launch site 取均值）

　　讨论：本章探讨了词的预测性对阅读中的眼动的影响，首先，从阅读时间上来看，预测性对首注视时间、凝视时间、总注视时间均有显著的作用。之前对中文的研究中，有研究表明词预测性对首注视时间并没有什么影响，但是会影响凝视与总注视时间性，从而得出预测性这种高层次的语言信息对认知加工后期的信息整合阶段起作用，而对早期的信息加工过程没有影响，进而支持语言加工的模块化理论。但也有研究表明，在字母文字中以及在中文阅读中，词的预测性对首注视也是有影响的，与英文中词预测性带来的影响一致。针对这一争论，我们首先通过 LMM 模型分析，发现了词预测性对首注视时间的影响边缘显著，接下来我们又通过生存分析，对首注视时间的整体分布进行考查，发现不同预测条件下，首注视时间的分布不同，并且生存曲线出现了分歧点，最早发生分歧的位置是 164ms，也就是说词的预测性最早在 164ms 的时候就对阅读产生了作用。我们通过这两种分析，更加肯定了预测性对中又言语阅读的早期加工的确是有作用的。

　　对于看哪里的问题，我们对注视位置的分析与实验 1、实验 2 的结果一致，单一注视时会更多注视词的中间位置，多次注视时的首注视位置更多落在词的开头，所有正向的首注视位置呈均一的分布。LMM 分析也支持了这一结果，词的预测性只对多次注视情况下的第一次注视位置起作用，高预测性的首注视位置要比低预测性的更加靠右。这一结果再次表明中文中并没有潜在的注视点。对于预测性来说，高预测性的词，意味着当我们还没有看到这个词的时候，根据前面的句子内容就可以推断出接下来要出现的内容，因此也更有可能知道下个词的边界。如果有注视偏好的话，在预测性高的组我们应当更有可能看到注视位置会集中在词的某个位置上，但是该实验并没有发现这种分布曲线，而是注视位置依然呈现出一种均匀分布的状态，再次告诉我们，在中文阅读中并没有默认的眼跳位置。

　　同样，对眼跳长度的分析发现，预测性对跳入目标词以及跳出目标词的眼跳长度均有影响，且高预测性时跳入与跳出目标词的眼跳长度更长。结合实验 2 的结果，再次证明了高层次的语言信息会对眼跳产生作用，并且不仅是进入目标词的眼跳，对离开它的眼跳也会有影响。这一结果也再次支持了中文阅读中的目标选择的影响是一个动态的过程[1][2]。虽然阅读中并没有默认的注视位置，但是我们在阅读时会根据词的加工程度来调整眼跳长度，从而使阅读更加有效率。

　　在对跳读率的分析中，发现预测性与起跳位置有交互作用，也就是起跳位置离目标词越近，预测性的作用越大。前人研究得到预测性会引起跳读率的增加[3][4]主要是通过对比两种情况下的跳读率的均值，并没有考虑起跳位置的影响。在相同词长的情况下，起跳位置越靠近目标词，对目标词的跳读可能性越大[5]，因此在考察跳读率的时候有必要考虑到起跳位置的影响。而我们目前的结果也表明，起跳位置对于预测性能否引起跳读是一个重要的影响因素，当起跳位置离目标词越近，预测性对这种高层次的语言信息的影响就越大。

　　本研究通过 3 个实验讨论了中文中是否存在注视位置偏好。实验 1 考查了阅读不含语言学信息的目标搜索任务时的落点位置，实验 2 考查了当操纵了复杂度词汇信息词频这一变量时的眼跳，实验 3 考查了高层次的语义信息词预测的影响。3 个实验中，当我们分析所有正向的注视位置的时候，均没有发现分布存在偏好。这一结果与之前 Li 等人的实验中分析所有落在词上的正向注视位置的结果相一致，更加肯定了在中文阅读中并没有默认的眼跳位置。也就是说，

---

①　Liu, Y., Reichle, E. D., & Li, X. [J].The Effect of Word Frequency and Parafoveal Preview on Saccade Length During the Reading of Chinese. Journal of Experimental Psychology: Human Perception and Performance. Advance online publication, 2016.http://dx.doi.org/10.1037/ xhp0000190.

②　Yan M, Kliegl R, Richter EM, Nuthmann A, Shu H. [J].Flexible saccade-target selection in Chinese reading. Quarterly Journal of Experimental Psychology, 2010, 63, 705-725.

③　Rayner, K., Li, X., Juhasz, B. J., & Yan, G. [J].The effect of word predictability on the eye movements of Chinese readers. Psychonomic Bulletin & Review, 2005, 12, 1089-1093.

④　白学军, 曹玉肖, 顾俊娟, 郭志英, 闫国利. [J]可预测性和空格对中文阅读影响的眼动研究. 心理科学, 2011, 34（6）, 1282-1288.

⑤　Biysbaert, M., & Mitchell, D. C. [J].Modifier attachment in sentence parsing: Evidence from Dutch. Quarterly Journal of Experimental Psychology, 1996, 49A, 664-695.

由于在中文中没有词边界的信息，导致我们在阅读时，并不会默认把眼睛移动到词中心或者词开头的位置。

在对阅读的研究中目前有很多阅读模型，最主要的两个是 E-Z Reader 模型 [①]与 SWIFT 模型 [②]。E-Z Reader 模型最核心两个假设是（1）词汇通达的初步阶段如熟悉性检测会启动眼睛从一个词跳到下一个词上，并且（2）注意是按照顺序分布的，每次只能加工一个，也就是说视觉信息的识别并不足以对词汇进行加工，必须要注意到该词才能加工它的词汇语义信息。SWIFT 模型是平行加工模型，处于知觉范围内的词会同时得到加工，但加工程度是分等级的 [③]。这两个模型虽然核心假设不同，但是在眼跳目标上，他们的假设均是以下次眼跳的目标为词的中心。对于字母文字来说，由于存在明显的边界信息，这样的假设是可行的，但是中文中并没有词的边界，我们从旁中央凹中无法对词进行切分，因此在运用这些模型到中文的阅读时，这一点值得商榷。我们在实验 3 中操纵了词的预测性，之所以选择这个属性是因为高预测性的词意味着我们在阅读时更有可能知道接下来要出现什么内容，当知道是什么内容的时候也就意味着更加有可能知道它的边界，但是即便是在这种情况下，我们依然没有发现注视位置的偏好效应，这也更加支持了中文中是没有默认眼跳位置这一观点的。

对于早期专家认为眼跳过程更多受低层次的视觉信息的影响这一观点，我们对 Landolt-Squares 的研究支持了这一观点，视觉信息的难易程度以及长度的确会影响注视位置。然而，实验 2 与实验 3 的结果也清晰地表明语言信息也会影响眼跳长度的进行。这一结果与前人的研究结果保持一致。Liu 等人（2016 年）基于动态调节理论对中文中的眼跳进行了模拟，他们假设眼跳长度与预视内容线性相关，结果通过这个简单的假设中却得到了非常有效的模拟结果。这种模拟方法对再注视、跳读率、眼跳长度均有较好的拟合。因此越来越多的研究表明了在中文阅读中，眼跳目标选择与字母文字是不同的，中文中的阅读在没有词间空格提供边界线索的情况下，人们更多采取的是一种动态调节的机制，眼

[①] Reichle, E. D. [M].Serial-attention models of reading. In S. P. Liversedge, I. D. Gilchrist, & S. Everling（Eds.）, The Oxford handbook of eye movements（pp. 767–786）. Oxford: Oxford University Press，2011.

[②] Engbert, R., & Kliegl, R. [M].Parallel graded attention models of reading. In S. P. Liversedge, I. D. Gilchrist, & S. Everling（Eds.）, The Oxford handbook of eye movements（pp. 787–800）. Oxford: Oxford University Press，2011.

[③] McConkie, G. W., & Rayner, K. [J].The span of the effective stimulus during a fixation in reading. Perception & Psychophysics，1975，17，578–586.

跳长度受到词的视觉信息与语言学信息的共同影响，当更加容易加工时，眼跳就会调整得长一点，而当比较难加工时，眼跳长度就会相对来说短一点，这种调节，使在阅读中文的时候眼动过程更加有灵活性。

对于阅读中眼跳目标的选择，另一个非常重要的现象就是跳读。跳读并不意味着没有加工这个词，而是在没有直接注视它的情况下已经完成了该词的加工[①]。在对字母文字的研究中，词频、词预测性、词长都会影响跳读的发生，高频[②]、高预测[③]的情况下跳读会更多，表明对于跳读的词，在注视前就已经对它们进行了加工。而对于低层次的视觉信息，比如词长，有研究表明它对跳读的影响与起跳位置有关，起跳位置离目标词越近，跳过它的可能性越大。E-Z Reader 模型对跳读的假设是当在注视前就已经加工完该词的时候会发生跳读；其他模型比如 EOVP 模型[④]则认为，跳读首先是受视觉信息的影响，比如词长度、起跳位置等，之后才是受旁中央凹词的加工程度的影响。但是不管是哪种模型，均认同了视觉信息与语言信息会影响跳读，只不过哪个起主要作用则有所不同。我们在实验 2 与实验 3 中可看到，词频主效应显著，词频与复杂度交互作用也显著，预测性与起跳位置有边缘显著的交互作用。也就是说在这两个实验中，我们均发现了高层次的语言学信息与低层次的视觉信息均会共同影响中文阅读中的跳读，但是目前并不能确定哪个因素对跳读负主要责任，这也有待后续的深入研究。

除了分析眼跳目标的落点外，我们同样也再次分析了中文阅读中加工时间的问题，我们发现词频、预测性这些词汇信息或者语义信息均会影响注视时间，而视觉上的复杂度也会影响注视时间。更重要的是，除了进行均值检验外，我们也采取了对整体分布进行检验的方法，通过 ex-Gaussian 对数据进行拟合，分析不同情况下生存曲线的分歧点，我们找到了词频、复杂度、预测性这些属性最早产生作用的点。在对字母文字的研究中，Reingold 等人（2012 年）操纵了

---

① Radach, R., & Kennedy, A. [J].Theoretical perspectives on eye movements in reading: Past controversies, current issues, and an agenda for future research. European Journal of Cognitive Psychology, 2004, 16, 3-2.

② Henderson, J. M., & Ferreira, F. [J].Eye movement control during reading: Fixation measures reflect foveal but not parafoveal processing difficulty. Canadian Journal of Experimental Psychology, 1993, 47, 201-221.

③ Drieghe, D., Brysbaert, M., Desmet, T., & Debaecke, C. [J].Word skipping in reading: On the interplay of linguistic and visual factors. European Journal of Cognitive Psychology, 2004, 16, 79-103.

④ Brysbaert, M., & Vitu, F. (1998). Word skipping: Implications for theories of eye movement control in reading. In G. Underwood (Ed.), Eye guidance in reading and scene perception (pp. 125-147). Oxford: Elsevier.

目标词的词频与预视条件，发现在正常阅读时，也就是目标词可以预视的时候，词频效应产生的最早时间点是 145ms，而当目标词不能预视的时候，词频的作用产生的最早点是 256ms[①]；Sheridan 等人（2013 年）操纵了词的词频与能否切分这两个变量，发现在正常阅读时，词频最早产生作用的点是 146ms，而在没有切分的状况下，词频最早产生作用的点是 166ms。从这些研究中均可看出，在正常阅读时，在字母文字中词频效应 140ms 左右就已经出现了。在实验 2 中，我们对中文的研究也表明词频效应也是在 140ms 处出现。这也反映了在词频效应上，中文与英文并没有太大区别，词频效应都是在较早阶段并且几乎是同一阶段就已经开始对阅读产生影响。此外，Sheridan 等人通过生存分析的方法检测了在英文中，预测性最早产生作用的点，他们的结果为预测性最早在 140ms 的时候就产生了作用，但是我们在对中文中预测性的分析中，分歧点最早产生在 164ms[②]，也就是说预测性在 164ms 时才开始对中文阅读产生影响，这一方面反映了在中文阅读中，语义信息可能要比词汇信息更晚产生作用，毕竟语义信息相对来说是更高级的一种认知加工信息，需要对句子的内容等进行整合；另一方面也反映中文与英文中预测性最早产生作用的时间点可能并不相同。对于复杂度对首注视时间的影响，目前英文中还没有相关分析，而且他们更多的是以词长来代表复杂度，因此这一方面目前还无法进行比较，但是我们实验 2 的结果表明，在中文中，相对处于比较低层次的视觉信息，比如我们实验中操纵的词的复杂度，产生作用的时间点会更早，在加工进行到 138ms 的时候就产生作用了。虽然并没有研究表明不同语言学信息产生作用的先后顺序具体是如何，但是我们从实验中看出似乎有这样的一种趋势，低层次的更早产生作用，高层次相对来说越晚产生作用。因此，在未来的研究中，我们打算运用生存分析的方法来检测更多的眼动数据，考察在中文与其他字母文字中，会影响加工时间的词的属性，比如词频、词预测性、词的复杂度、词意思的多少是否对阅读加工最早产生作用的时间点呈现一种普遍的规律。

虽然普遍认为阅读时注视右侧的信息对阅读产生的影响更大，但是最近也

[①] Reingold, E. M., Reichle, E. D., Glaholt, M. G., & Sheridan, H. [J].Direct lexical control of eye movements in reading: Evidence from survival analysis of fixation durations. Cognitive Psychology, 2012, 65, 177–206.

[②] Sheridan, H., & Reingold, E. M. [J].The time course of predictability effects in reading: Evidence from a survival analysis of fixation durations. Visual Cognition, 2012, 20, 733–745.

有研究表明注视左侧的信息对阅读的影响也是至关重要的 ①，研究发现当把注视位置左侧的正常内容进行替换后会使阅读的表现变差，但是对右侧的内容进行替换的话并不会产生影响。正是因为现在大部分的文字都是从左向右阅读的，对于目标选择问题我们也总是考虑到当前注视信息与注视后信息的影响，而很少考虑到注视左侧信息是否对眼跳目标也会产生作用，以及如何影响。我们对实验 1 的结果分析也表明，word n-1 的 Landolt-Squars 串的长度和开口大小对接下来的眼跳长度是会产生作用的，word n-1 越长，开口越大，眼跳就越长。但是在正常的中文阅读中我们目前并没有考查 word n-1 的词的属性如何影响目标选择，因此，在未来的研究中，我们会把这一部分也考虑进来，使目标选择的过程了解得更加透彻。

由于中文本身的特异性，导致中文阅读者在对其进行加工的时候，所采取的策略与字母文字并不同。从本研究可看出，中文阅读并没有默认的眼跳位置，更多的是一种通过调节眼跳长度来选择接下来的注视位置，并且高层次的语言信息与低层次的视觉信息均会参与到这一过程。那么从神经适应性来考虑，当一个熟练的中文阅读者熟悉了这种阅读方式后，是否会把这种策略也运用到其他语言的阅读当中去。同样的，对于长期阅读有词间空格的语言体系的人们来说，他们在阅读中所采取的策略，养成的阅读习惯是否也会导致他们在学习其他语言的时候也会采取这种策略。在未来的研究中，这些都是值得继续探讨的问题。

---

① Timothy R. Jordan, Victoria A. McGowan, Stoyan Kurtev, and Kevin B. Paterson [J].A further look at postview effects in reading: An eye-movements study of influences from the left of fixation. Journal of Experimental Psychology: Human Learning and Memory, 2016, 42, 296-307.

后 记

　　生活中到处都充斥着文字。当我们看电影的时候，首先看到的就是电影的宣传海报，海报多以图文的方式呈现；当我们去超市购买东西的时候，每个产品都有产品的名字、配料表、品牌等文字信息；当我们购买任何一本书，封面上可能没有图片信息但一定会有书名、作者名等文字信息；当我们去到任何一个网站，基本都是文字与图片的结合呈现。可以说，每个人每天都要处理大量的文字信息。如何对庞大的语言文字加工，本书进行了简明扼要的探讨。

　　当知道了人们如何阅读，那么反过来，似乎也可以用于辅助设计师们去设计出更加符合人们阅读体验的作品。这一部分的内容本书并没有展开详细的探讨，这或许是未来研究的一个重点方向。把语言学、心理学的研究与设计相结合起来，从而在以人为本的设计理念下，设计出更加符合人们阅读体验、提升目标选择的作品。

　　本书的撰写过程不出意外地充满了挑战与波折，好在有朋友及家人的支持与鼓励，得以坚持下去，完成本书的内容。在此要特别感谢每一个帮助我的伙伴，当然也要特别感谢在语言领域、阅读领域付出大量心血的各位科学工作者们，正是有前人的不懈努力，收获了这些丰富的研究成果才逐渐厘清了阅读的本质。